VERSTÄNDLICHE WISSENSCHAFT

DREIUNDSECHZIGSTER BAND

Springer-Verlag Berlin Heidelberg GmbH

DIE ENTSTEHUNG DER KULTURPFLANZEN

VON

PROFESSOR DR. FRANZ SCHWANITZ

HAMBURG
STAATSINSTITUT FÜR ANGEWANDTE BOTANIK

1.–6. TAUSEND

MIT 59 ABBILDUNGEN

Springer-Verlag Berlin Heidelberg GmbH

Herausgeber der Naturwissenschaftlichen Abteilung:
Prof. Dr. Karl v. Frisch, München

ISBN 978-3-642-80536-3   ISBN 978-3-642-80535-6 (eBook)
DOI 10.1007/978-3-642-80535-6

FRAU PROFESSOR DR. ELISABETH SCHIEMANN
ZUM 75. GEBURTSTAG
IN VEREHRUNG GEWIDMET

Inhaltsverzeichnis

Literatur

ANDERSON, E.: Plants, Man and Life. London 1954.

BERTSCH, K. u. F.: Geschichte unserer Kulturpflanzen. Stuttgart 1947.

BRÜCHER, H.: Stammesgeschichte der Getreide. Stuttgart 1950.

DE CANDOLLE, A.: Der Ursprung der Kulturpflanzen. Leipzig 1884.

CRANE, M. B., and W. J. C. LAWRENCE: The Genetics of Garden Plants. London 1952.

DARWIN, CH.: Das Variieren der Tiere und Pflanzen im Zustande der Domestikation. Stuttgart 1878—80.

KAPPERT, H.: Die vererbungswissenschaftlichen Grundlagen der Züchtung. Berlin u. Hamburg 1953.

KUCKUCK, H.: Von der Wildpflanze zur Kulturpflanze. Berlin 1934.

ROEMER, TH., A. SCHEIBE, J. SCHMIDT u. E. WOERMANN: Handbuch der Landwirtschaft. II. Bd. Pflanzenbau. Berlin u. Hamburg 1953.

ROEMER, TH., u. W. RUDORF: Handbuch der Pflanzenzüchtung. Berlin 1937.

SCHEIBE, A.: Einführung in die allgemeine Pflanzenzüchtung. Stuttgart 1951.

SCHIEMANN, E.: Entstehung der Kulturpflanzen. Handbuch der Vererbungswissenschaft. III. L. Berlin 1932.

— Entstehung der Kulturpflanzen. Ergebn. d. Biol. 409 ff. Berlin 1943.

— Weizen, Roggen, Gerste. Jena 1948.

SCHWANITZ, F.: Die Entstehung der Nutzpflanzen als Modell für die Evolution der gesamten Pflanzenwelt. Die Evolution der Organismen, 2. Aufl. 713 ff. Stuttgart 1955.

SENGBUSCH R., VON: Pflanzenzüchtung und Rohstoffversorgung. Leipzig 1937

THELLUNG, A.: Kulturpflanzeneigenschaften bei Unkräutern. Veröff. Geobotan. Inst. Rübel, H. 3, 745 ff. 1925.

— Die Entstehung der Kulturpflanzen. Naturw. u. Landw. H. 16 1930.

VAVILOV, N. J.: The Origin, Variation, Immunity, and Breeding of Cultivated Plants. Waltham, Mass. 1951.

WERTH, E.: Grabstock, Hacke und Pflug. Stuttgart 1955.

ZADE, A.: Werdegang und Züchtungsgrundlagen der landwirtschaftlichen Kulturpflanzen. Leipzig u. Berlin 1921.

1. Von der Wildpflanze zur Kulturform

Die Abstammung der Kulturpflanzen von Wildarten

Unser aller Leben gründet sich auf das Vorhandensein der Kulturpflanze. Ihre Bedeutung für die Entwicklung des Menschengeschlechts wird klar, wenn wir uns vor Augen führen, daß ein Jäger oder Sammler für sich allein zur Stillung seines Hungers etwa 20 Quadratkilometer zur Verfügung haben muß, eine Fläche, die durch Ackerbau, also durch Anbau von Kulturpflanzen genützt, 6000 Menschen zu ernähren vermag. Wäre die Menschheit noch auf Jagd und Sammeln als einzige Nahrungsquellen angewiesen, so könnte die Erde nicht mehr als 30 Millionen Menschen ernähren. Die Kulturpflanze allein macht es möglich, daß heute 2500 Millionen Menschen den Erdball bevölkern. Nur ihrer hohen Leistungsfähigkeit haben wir es zu verdanken, daß unser Dasein nicht völlig in der Sorge um die Beschaffung der notwendigen Nahrung aufgeht. Durch die Kulturpflanze ist der Mensch von dem Zwang zum nomadenhaften Herumstreifen befreit und seßhaft geworden; sie hat ihm eine Arbeitsteilung ermöglicht und ihm ein bescheidenes Maß sorgloser Ruhe geschenkt. Arbeitsteilung und Muße aber sind wichtige Voraussetzungen dafür, daß Wissenschaft und Technik entstehen und sich weiter entwickeln konnten. Die Kulturpflanze ist so die Grundlage unserer heutigen Kultur und Zivilisation geworden. Darüber hinaus aber gehören ihre besten Erzeugnisse selbst mit zu den wertvollsten Gütern der menschlichen Kultur, mag es sich dabei um wohlschmeckende Gemüsearten, um hochwertige Früchte oder um edle Weine handeln. Die Gartenzierpflanzen endlich, die mit ihrer vollendeten Form, ihren prächtigen Farben und ihrer Fülle verschiedenartigster Düfte nur der Befriedigung des menschlichen Schönheitssinnes dienen, sind ein Teil unserer Kultur, den wir den Schöpfungen der bildenden Kunst getrost an die Seite stellen dürfen.

Sind so die Kulturpflanzen Voraussetzung und Teil jeder hochentwickelten Kultur, so sind sie andererseits ein Werk des Menschen, und angesichts der großen Bedeutung, welche die Schaffung der Kulturpflanzen für die kulturelle Entwicklung der Menschheit erlangt hat, dürfen wir wohl sagen, daß ihre Schaffung eine der großartigsten und folgenschwersten Leistungen gewesen ist, die der menschliche Geist je vollbracht hat.

Die Kulturpflanzen sind nämlich keineswegs von jeher in ihrer heutigen Gestalt und Leistungsfähigkeit vorhanden gewesen und nur irgendwann einmal vom Menschen entdeckt, als brauchbar befunden und dann angebaut worden. Sie stammen vielmehr von Wildarten ab, bei denen die Eigenschaften, welche uns die Kulturpflanzen so wertvoll machen, in der Regel nur erst sehr unvollkommen entwickelt sind. Diese wilden Urformen sind uns heute zu einem großen Teil bekannt. Der Nachweis der Abstammung einer Kulturform von einer bestimmten Wildart ist leicht zu führen, wenn die betreffende Pflanze erst in historischer Zeit in Kultur genommen und in eine wirkliche Kulturpflanze umgeformt worden ist, wie z. B. unsere einheimischen Beerenobstarten, Stachelbeeren, Johannisbeeren, Himbeeren und Walderdbeeren, die frühestens seit dem späten Mittelalter in den Gärten angebaut werden. Schwieriger liegen die Dinge schon dort, wo diese Umwandlung bereits sehr früh, etwa gar in früh- oder vorgeschichtlicher Zeit erfolgt ist. Hier müssen wir die Herkunft der betreffenden Kulturpflanzen von bestimmten wilden Vorfahren auf die gleiche Art klarzulegen versuchen, auf die wir auch die natürliche Verwandtschaft verschiedener Wildarten zueinander zu ermitteln pflegen, nämlich auf Grund der größeren oder geringeren Ähnlichkeit der betreffenden Formen miteinander. Mit Hilfe dieses Verfahrens, das von der Systematik entwickelt wurde und das es diesem Wissenschaftszweig ermöglicht hat, die natürlichen Verwandtschaftsverhältnisse von Tieren und Pflanzen weitgehend klarzulegen, konnte bereits DE CANDOLLE in der zweiten Hälfte des vergangenen Jahrhunderts in seinem klassischen Werk „Origine des plantes cultivées" die Frage nach der Herkunft einer Reihe unserer wichtigsten Kulturpflanzen befriedigend beantworten.

An einem Beispiel sei hier kurz erläutert, wie man auf Grund weitgehender Übereinstimmung in der Form der Pflanzen die Abstammung einer Kulturpflanze von einer bestimmten Wildart wahrscheinlich machen kann. Der Emmerweizen, *Triticum dicoccum*, ist eine der ältesten Kulturpflanzen der Alten Welt. Die wilde Ausgangsform dieser Art war lange Zeit unbekannt. Erst um die Mitte des 19. Jahrhunderts wurde zunächst in Syrien, dann in Palästina und schließlich an verschiedenen Orten Vorderasiens, insbesondere in Persien eine wilde Grasart gefunden, die offensichtlich in die Gattung *Triticum*, also zum Weizen gehörte. Diese Wildart war von allen Weizenarten dem Emmer weitaus am ähnlichsten. Sie und der Emmer stimmten in allen wesentlichen Merkmalen überein, und die Abweichungen zwischen den beiden Formen entsprachen nur solchen Unterschieden, wie wir sie in der Regel zwischen Kulturformen und den Wildarten, von denen sie abstammten, finden. So war in diesem Falle die Wildform in allen Teilen wesentlich kleiner und zarter als die robustere Kulturpflanze, die Ährchen waren erheblich schlanker, die Früchtchen kleiner und schmaler. Ferner waren die Ährchen des Wildgrases stark behaart, die des Emmers kahl, und endlich zerfiel die Ähre der Wildart bei der Reife von selbst in ihre Einzelährchen, der Emmer dagegen besaß eine zähe Ährenspindel. Aus diesen Tatsachen: der großen Ähnlichkeit der beiden Arten in allen systematisch wichtigen Kennzeichen und der Verschiedenheit nur in solchen Eigenschaften, in denen Wildpflanzen und Kulturformen sich gemeinhin zu unterscheiden pflegen, ließ sich nun der Schluß ziehen, daß die neu entdeckte Grasart, die als *Triticum dicoccoides* bezeichnet wurde, der Wildemmer, die wilde Urform des Emmers sei (Abb. 1).

Die mit Hilfe dieser Methode erlangten Erkenntnisse über die wilden Stammformen unserer Kulturpflanzen konnten dann in der Folge vor allem durch die Vorgeschichtsforschung ergänzt und immer mehr vervollständigt werden.

Auch CHARLES DARWIN griff in seinen berühmten Werken über „Die Entstehung der Arten" und „Das Variieren der Tiere und Pflanzen im Zustande der Domestikation" das Problem der

Abstammung unserer Kulturformen auf. Im Gegensatz zu
DE CANDOLLE beschäftigte ihn allerdings weniger die Frage nach
der Heimat und der Ableitung der Kulturpflanzen von bestimmten Wildarten, er versuchte vielmehr vor allem die natürlichen
Gesetzmäßigkeiten zu ergründen, welche die Umformung der
Wildarten in Kulturpflanzen möglich machen. Er erkannte als die
treibenden Kräfte dieses Vor-
ganges einmal die Neigung der
Lebewesen, zu „variieren“,
das heißt, immer neue erbliche
Formen hervorzubringen, und
zum anderen die „künstliche“
Auslese geeigneter Varianten
durch den Menschen.

Durch die Arbeiten von DE
CANDOLLE und DARWIN sind
so die Hauptarbeitsrichtungen
der Kulturpflanzenforschung
festgelegt worden: die Frage
nach der Abstammung und
den Ursprungsgebieten der
Kulturpflanzen und die Frage
nach den treibenden Kräften,
die zur Entstehung dieser für
den Menschen so bedeutungs-
vollen Pflanzenformen geführt
haben.

Abb. 1. Ähren des Wildemmers, *Triticum dicoccoides* (links) und des Emmers,
T. dicoccum (rechts). Die Ähre der Wildform ist in allen Teilen wesentlich kleiner und zerfällt bei der Reife in die
Einzelährchen

Die Entdeckung der Vererbungsgesetze durch CARL CORRENS, HUGO DE
VRIES und ERICH VON TSCHERMAK um die Jahrhundertwende und der darauf
folgende rasche Ausbau der Vererbungswissenschaften gab der Kulturpflanzenforschung neue wertvolle Arbeitsmöglichkeiten an die Hand. Durch Kreuzung
von Kulturpflanzen mit nahe verwandten Wildarten und mit Hilfe der geneti-
schen und zytogenetischen Analyse der Nachkommenschaft dieser Kreuzungen
war es nunmehr möglich, die von der systematischen Forschung wahrscheinlich
gemachte Abstammung der Kulturpflanzen von bestimmten Wildformen
nachzuprüfen. Darüber hinaus ließ sich jetzt auch zeigen, wie sich im einzelnen
Falle mit Hilfe der verschiedensten Veränderungen des Erbgefüges die Umformung der Wildform in eine Kulturpflanze vollzogen hat. Besonders große
Erfolge wurden in dieser neuen Forschungsrichtung von dem russischen
Botaniker VAVILOV und seinen Schülern erzielt. Mit Hilfe eines aus der ganzen
Welt zusammengetragenen umfangreichen Pflanzenmaterials erfaßte VAVILOV
die Formenmannigfaltigkeit unserer wichtigsten Kulturpflanzen und ihre Ver-

teilung in den verschiedensten Teilen der Erde. Auf diese Weise war es ihm möglich, die Ursprungsgebiete des größten Teils unserer Kulturpflanzen klarzulegen. In Deutschland hat es vor allem die Botanikerin ELISABETH SCHIEMANN verstanden, mit zahlreichen experimentellen Arbeiten und durch die Zusammenfassung unseres Wissens über die Entstehung der Kulturpflanzen in zwei umfassenden Darstellungen unsere Kenntnisse auf diesem Gebiet auszuweiten und zu vertiefen.

Die Arbeit zahlreicher Botaniker der verschiedensten Forschungsrichtungen hat uns so die wilden Urformen zahlreicher Kulturpflanzen kennen gelehrt. Dadurch ist es uns jetzt möglich, klarzulegen, welche Merkmale bei der Entwicklung der Wildpflanze zur Kulturform verändert werden und welcher Art diese Veränderungen sind.

Sammelpflanzen als erste Ausgangsformen der Kulturpflanzen

Bevor wir uns eingehender mit den Unterschieden zwischen Wild- und Kulturpflanze beschäftigen, müssen wir noch kurz die Frage streifen, wie denn der Mensch überhaupt dazu gekommen ist, bestimmte Wildarten planmäßig anzubauen und so die Voraussetzung zur Entstehung von Kulturpflanzenmerkmalen und zur allmählichen Umwandlung der Wildformen in wirkliche Kulturpflanzen zu schaffen.

Die ersten Kulturpflanzen, die der Mensch besessen hat, sind ohne Zweifel aus Sammelpflanzen hervorgegangen, aus Pflanzen also, die bereits als Wildformen um ihrer wertvollen Eigenschaften willen vom Menschen geschätzt wurden. Das Sammeln von Wildpflanzen ist eine Erscheinung, die keineswegs nur auf die Vorzeit und die Frühzeit der menschlichen Geschichte oder aber auf primitive Kulturen unserer Tage beschränkt ist. Auch heute noch spielen Sammelpflanzen in der Ernährung und in der Rohstoffversorgung der zivilisierten Menschheit eine nicht zu unterschätzende Rolle. Selbst in Ländern mit einer hochentwickelten Landwirtschaft hat der Mensch das Ernten wildwachsender Pflanzen und Pflanzenteile nicht völlig aufgegeben. So kommen bei uns in Deutschland alljährlich noch große Mengen an Waldbeeren, vor allem Heidelbeeren und Preißelbeeren aber auch Himbeeren und Brombeeren auf den Markt, und noch mehr wird von der Bevölkerung für den eigenen Verbrauch zusammengetragen. Mit Ausnahme des Wiesenchampignons, von dem eine besondere Kulturform angebaut wird, des japanischen Shiitake und einiger weniger anderer Pilzarten sind alle Pilze, die wir verzehren, in den Wäldern oder auf Wiesen und Weiden gesammelt. Die Haselnüsse unserer Hecken sind eine vor allem bei der Jugend sehr beliebte Sammelfrucht, und an der Bergstraße werden die Samen der dort seit der Römerzeit verwilderten Edelkastanie zur Reifezeit von der ganzen Bevölkerung eifrig gelesen. Auch die Früchte des schwarzen und des roten Hollunders, die Schlehenfrüchte und die Hagebutten sind vielfach noch ein sehr geschätztes Wildobst. Von Wildpflanzen stammt endlich auch heute noch der größte Teil der Arzneikräuter unserer Apotheken und Drogerien.

Nicht anders steht es mit dem Sammeln von Teilen oder Produkten wildwachsender Pflanzen in anderen Ländern mit einer hochentwickelten Landwirtschaft. So wird in den Vereinigten Staaten von Nordamerika heute noch alljährlich im Frühjahr der aufsteigende Saft des Zuckerahorns, *Acer saccharinum*, durch Anbohren der Stämme gewonnen und zu dem beliebten Ahornsirup verarbeitet. Die Früchtchen des „wilden" oder „Indianerreises", *Zizania aquatica*, einer großen Grasart, die an den Ufern der Flüsse und Seen Nordamerikas wächst, waren einstmals eines der wichtigsten Nahrungsmittel der nordamerikanischen Indianer, und auch heute noch gelten sie in Nordamerika als eine besondere Delikatesse. Als Sammelpflanzen werden ferner im Süden der Vereinigten Staaten wie auch in Mexiko verschiedene wildwachsende Kakteenarten benutzt. Die fleischigen Sprosse mancher Arten dienen als Viehfutter, zur Bereitung von Gemüse oder zur Herstellung von Konfekt. Die Früchte werden vielfach als Obst verzehrt — eine Art hat davon den Namen Feigenkaktus erhalten — und endlich wird aus den Sprossen des „Peyotl", einer kleinen Kaktee mit dem wissenschaftlichen Namen *Lophophora williamsii var. lewinii*, das berüchtigte Rauschgift Mescalin gewonnen.

Sehr alte Sammelpflanzen sind auch die großen Algenarten unserer Meere, die wir unter dem Sammelbegriff Seetang kennen. Den Küstenbewohnern dienten sie seit frühesten Zeiten als Nahrungsmittel. Noch jetzt wird der auch auf Helgoland vorkommende Fingertang, *Laminaria digitata*, eine große Braunalge, in Ostasien viel verzehrt. Sie wird geröstet und kandiert, zu Kuchen verarbeitet und endlich wegen ihres hohen Mannitgehaltes auch zum Süßen der Speisen verwendet. Auch an den Küsten der Nordsee wurden noch im vergangenen Jahrhundert verschiedene Algenarten verspeist. Die berühmten eßbaren Schwalbennester der ostasiatischen Küche betsehen zum größten Teil aus Teilen von Rotalgen. Aus diesen wird an den Küsten der indisch-chinesischen Gewässer der bekannte Agar-Agar hergestellt, der im fernen Osten seit altersher ein beliebtes Nahrungsmittel ist. In der modernen Bakteriologie und Mikrobiologie ist dieses Erzeugnis als Grundlage für die Herstellung von Nährböden unentbehrlich geworden. Das „Isländische Moos" unserer Apotheken besteht aus den getrockneten Teilen mehrerer Rotalgenarten, insbesondere von *Chondrus crispus*, dem Knorpeltang, und von *Gigartina mamillosa*. Aus den getrockneten Stielen des Palmentangs, *Laminaria hypoborea*, werden die sogenannten Wundstifte gewonnen, die infolge ihrer großen Quellfähigkeit zur Erweiterung von Wundkanälen und dergleichen dienen. Als Viehfutter ist der Seetang in meeresnahen und futterarmen Gegenden immer schon genutzt worden. Bereits LINNÉ schreibt, daß der Blasentang, *Fucus vesiculosus*, in Gotland Schweinetang hieße, weil man ihn mit anderen Futtermitteln vermischt zum Füttern der Schweine gebrauche, und in Schottland wird er heute noch als Winterfutter für Schafe und Rinder verwendet. Diese Nutzungsart gewinnt jetzt in der Landwirtschaft meeresnaher Gebiete wieder stärkere Bedeutung, da sich herausgestellt hat, daß diese großen Meeresalgen nicht nur einen sehr hohen Vitamingehalt haben, sondern sich darüber hinaus auch durch einen bedeutenden Gehalt an wichtigen Spurenelementen auszeichnen. Auch als Rohstoff für die chemische Industrie wurden die Meeresalgen frühzeitig gebraucht. Seit der Mitte des 18. Jahrhunderts bis in die zwanziger Jahre wurden aus der Asche dieser Pflanzen Soda und Pottasche hergestellt, und in der zweiten Hälfte des 19. Jahrhunderts waren sie der wichtigste Rohstoff für die Gewinnung von Jod und Brom. Mit der Auffindung besserer und billigerer Ausgangsmaterialien für die Erzeugung dieser Stoffe verloren die Meeresalgen ihre frühere Bedeutung für die Produktion anorganischer Chemikalien. Dagegen wurden sie in den letzten Jahren wieder sehr wertvoll als Rohstoffquelle für die Gewinnung wirtschaftlich wichtiger organischer Substanzen. In Algenarten, die in Europa besonders häufig an den atlantischen Küsten Irlands, Schottlands und Norwegens vorkommen, findet sich neben den wertvollen gallertigen Substanzen in bis zu 40% des Trockengewichts die sogenannte Algensäure, aus der die Alginate gewonnen werden, die in der Textilindustrie, für die Herstellung von durchsichtigem Verpackungsmaterial, als Hilfsmittel in der Chirurgie, als plastische Masse für Zahnabdrücke, als Kesselsteinverhütungsmittel, als Zusatz zu kosmetischen Erzeugnissen, als Dickungsmittel für Speisen und für Farben benutzt werden können. Damit hat eine alte Gruppe von Sammelpflanzen heute wieder eine wirtschaftliche Bedeutung erlangt. Wenn an den Küsten Japans und Amerikas bereits für die Erhaltung und Vermehrung wertvoller Algenarten gesorgt wird, wenn sich dort also schon die ersten Anfänge eines Anbaus abzeichnen, so mag dies der Beginn einer Kultur der großen Meerestange sein.

Daß Sammelpflanzen auch in unseren Tagen nicht nur neu angebaut werden, sondern daß sie unter Umständen sogar in Kulturpflanzen übergehen können, zeigt sich sehr schön am Sanddorn, *Hippophae rhamnoides*. Die leuchtend orangerot gefärbten Früchtchen dieses auf sandigen Böden an der Meeresküste und auf dem Kiesschotter an den Ufern unserer Flüsse wachsenden Strauches enthalten bis zu 1200 mg% Vitamin C, dazu noch Karotin, die Vorstufe des Vitamins A. Dieser hohe biologische Wert der Sanddornfrüchte hat dazu geführt, daß sich heute die Züchtung dieser Pflanze angenommen hat und versucht, auch aus dieser Sammelfrucht eine wirkliche Kulturpflanze zu machen.

Im Allgemeinen verläuft die Entwicklung allerdings so, daß mit dem Fortschreiten der landwirtschaftlichen Kultur das Sammeln von Wildpflanzen immer mehr abzunehmen pflegt, da es verhältnismäßig viel Zeit beansprucht und in einer intensiven Wirtschaft nicht mehr lohnend ist. So ist denn bei uns im Laufe der Zeit eine größere Zahl früherer Sammelpflanzen aus dem Kreise der vom Menschen genützten Pflanzen verschwunden. Der Wasserschwaden, *Glyceria fluitans*, eine Grasart, die an den Ufern unserer Binnengewässer wächst, diente noch zu Beginn des 19. Jahrhunderts zur Bereitung der Schwaden- oder Mannagrütze. Heute weiß außer wenigen Botanikern niemand mehr, daß dieses Wildgras einstmals in der menschlichen Ernährung eine Rolle spielte. Die Früchte der Wassernuß, *Trapa natans*, eines jetzt nur noch an wenigen Stellen in Deutschland vorkommenden Schwimmgewächses, waren vordem in Mitteleuropa ein wichtiges Nahrungsmittel. In Italien, Südrußland, in Indien und Ostasien werden sie auch in der Gegenwart noch viel genutzt.

Eine alte, jetzt allerdings seit Jahrhunderten nicht mehr für die menschliche Nahrung verwendete Sammelfrucht ist auch die Eichel, die noch bis in das Mittelalter hinein als Brotfrucht diente und die noch lange Zeit danach wenigstens in Hungerzeiten zum Strecken des Brotmehls benutzt wurde. Daß die Bucheckern ebenfalls einen wertvollen Beitrag zu unserer Ernährung liefern können, ist uns in den beiden Weltkriegen und in den darauf folgenden Jahren deutlich in das Gedächtnis gerufen worden.

In solchen Notzeiten erinnern wir uns immer wieder der halb vergessenen eßbaren Wildpflanzen und versuchen, durch „Ernährung aus dem Walde" unsere Nahrungslücken zu schließen. Sobald jedoch die Versorgung mit Nahrungsmitteln wieder normal wird, kehrt der zivilisierte Mensch heute rasch wieder zur Kulturpflanze als einzige Quelle pflanzlicher Nahrung zurück. Abgesehen von Waldbeeren und Pilzen erinnern bei uns dann nur spärliche Überbleibsel ehemaliger Sammelnahrung, wie etwa die um die Osterzeit in manchen Gegenden Deutschlands aus den Blättern von Schafgarbe, Löwenzahn, Geißfuß, Brennessel, Sauerampfer, Wiesenknöterich, Bachbunge, Tripmadam und Sauerklee bereitete „Neunkräutersuppe", die Wildsalate von Feldsalat, Löwenzahn oder Brunnenkresse, sowie ein spinatartiges Gemüse aus den Blättern des Sauerampfers an die große Bedeutung, welche die Wildpflanzen einst für die Ernährung des Menschen besessen haben.

Das Schicksal der ehemaligen Sammelpflanzen ist im Einzelnen recht verschieden. Eine große Zahl von ihnen sind Wildpflanzen geblieben, die nur noch in Notzeiten genutzt werden. Bei einigen dieser Gewächse, wie beim Strandroggen, *Elymus arenarius*, und beim Strandhafer, *Ammophila arenaria*, bei der Strandsegge, *Carex arenaria*, und beim Schilfrohr, *Phragmites communis*, ist bei uns das Wissen um die Genießbarkeit der Früchtchen dieser Gräserarten völlig verloren gegangen, während nahe verwandte Arten wie *Elymus giganteus* auch in der Gegenwart noch beliebte Sammelpflanzen der Mongolen sind.

Andere Sammelpflanzen, die dem Menschen wertvoller erscheinen, sind irgendwann einmal in die Pflege des Menschen genommen und im Laufe der Zeit zu richtigen Kulturpflanzen entwickelt worden. Dieser Prozeß des Übergangs von der Sammelpflanze zur Kulturform vollzieht sich bis in unsere Tage. So ist der Feldsalat, *Valerianella olitoria*, eine noch verhältnismäßig junge Kulturpflanze. Eine ganze Reihe unserer Arzneikräuter befindet sich heute auf der Stufe des Übergangs zu planmäßig angebauten Nutzpflanzen. Auch mehrere weltwirtschaftlich sehr bedeutungsvolle Pflanzen der Tropen, wie etwa die verschiedenen Kautschuk oder Guttapercha liefernden Baumarten, die Matepflanze, *Ilex paraguensis*, und die zahlreichen Arten, aus deren Rinde das Chinin gewonnen wird, waren ursprünglich Pflanzen, deren brauchbare Teile in der Wildnis gesammelt wurden. Da die Bestände dieser wertvollen Nutzpflanzen in den Urwäldern aber infolge des üblichen Raubbaues immer mehr gelichtet wurden, und da schon aus diesem Grunde der immer stärker werdende Bedarf an diesen wertvollen pflanzlichen Rohstoffen nicht befriedigt werden konnte, ist man schon seit längerer Zeit dazu übergegangen, diese Sammelpflanzen von einst in Plantagen anzubauen.

Für solche erst vor verhältnismäßig kurzer Zeit in Kultur genommene Pflanzen ist es bezeichnend, daß sich bei ihnen nicht selten beide Stufen der Nutzung — das Sammeln von wildwachsenden Pflanzen und der Anbau von Kulturformen — nebeneinander finden. Ein schönes Beispiel hierfür sind unsere Himbeeren, die sowohl als Wildpflanzen im Walde gelesen wie auch als richtige Kulturformen in unseren Gärten angepflanzt werden.

Der Mensch hat sicherlich bereits sehr lange Zeit brauchbare Teile der verschiedensten Pflanzen gesammelt und verwertet, bevor ihm endlich irgendwann einmal der Einfall kam, daß er zu der begehrten Nahrung sehr viel leichter und sicherer kommen könne, wenn er diese nützlichen Pflanzen an einem geeigneten Ort in der Nähe seiner Behausung aussäte oder pflanzte. Hierzu mag ihn die Beobachtung geführt haben, daß ausgefallene Früchte oder Samen der von ihm heimgebrachten Wildpflanzen in dem nährstoffreichen Boden um seine Niederlassung herum zu besonders üppigen Pflanzen auswuchsen. Diese Anhäufung von Sammelpflanzen in der Nähe der Wohnstätten der Tschukschen, eines in Nordostasien auf der Tschukschen-Halbinsel nahe der Beringstraße ansässigen Jäger- und Sammlervolkes, beschreibt MAURIZIO sehr anschaulich: „Die Tschukschen sammeln große Vorräte aus pflanzlichen Nahrungsmitteln für den Winter. Sie sind sozusagen gegen ihren Willen Pflanzenzüchter. Um die Tschukschenzelte siedeln sich fast überall Pflanzen in dichten Massen an, einige von ihnen zufällig, indem sie in den Abfallstoffen üppige Nahrung finden, andere dagegen verdanken ihren Standort den Tschukschen, da sie von weiter eingesammelt werden und einzeln in den Abfall geraten. Besonders erwähnt zu werden verdient dabei eine *Cineraria*, Körbchenblütige, die nirgends sich findet als in der Umgebung der Zelte, wo sie jährlich ihren Zins zum Unterhalt der Tschukschen entrichtet." Das bessere Gedeihen der Pflanzenwelt in der Nähe der Wohnstätten und die weit geringere Mühe, die das Ernten der dort besonders reichlich sich findenden Nahrungspflanzen machte, mußten den Menschen früher oder später auf den Gedanken bringen, die Früchte oder die Samen dieser ihm so wertvollen Pflanzen in der unmittelbaren Nähe seiner Niederlassung auszustreuen.

Eine solche planmäßige Vermehrung wertvoller Sammelpflanzen ist aus Nordamerika bekannt geworden. Hier pflegten die Indianer den „wilden" Reis an geeigneten feuchten Stellen auszusäen, ohne sich dann bis zur Ernte weiter um die Pflanzen zu kümmern. Auch die Eiche, die, wie erwähnt, in der Vorzeit und noch bis ins Mittelalter hinein als wichtige Mehlfrucht diente, wurde nach Konstantin von Regel in der Nähe der Wohnstätten angepflanzt, um diese wertvolle Nahrung stets in ausreichender Menge zur Verfügung zu haben. Die großen Eichenhaine, die wir heute noch um viele Bauernhöfe Niedersachsens herum finden, mögen ein Überbleibsel aus dieser alten Zeit sein, da die Eichel noch der Ernährung des Menschen diente.

Wie durch den planmäßigen Anbau einer Sammelpflanze diese allmählich zur Kulturform werden kann, zeigt sehr schön das Beispiel des Feldsalats. Zu Beginn des 18. Jahrhunderts war diese Art, die sich als Wildform überall in Mitteleuropa auf Äckern und an Wegrändern findet, noch eine typische Sammelpflanze. Vom Herbst bis zum Frühjahr konnten die Blattrosetten auf den Feldern gesammelt werden und lieferten in der Zeit, in der ein Mangel an frischem Gemüse bestand, einen wohlschmeckenden vitaminreichen Salat. Das Sammeln einer so verhältnismäßig kleinwüchsigen Pflanze ist aber in der schlechten Jahreszeit mühsam und zeitraubend. Bereits im Jahre 1701 wurde daher empfohlen, im August den Feldsalat mitsamt den Wurzeln auf dem Acker auszugraben und in den Garten zu verpflanzen. Auf diese Weise hatte man das begehrte Wildgemüse im Winter leichter zur Hand. In dem nährstoffreichen Gartenboden entwickelten sich die Pflanzen beträchtlich üppiger als auf den damals sehr ausgehungerten Äckern, so daß es sich als günstig erwies, den Feldsalat im Garten anzubauen. So wurde aus der Sammelpflanze eine vom Menschen kultivierte Pflanze und aus dieser allmählich die uns heute bekannte Kulturform.

Die Aussaat nützlicher Wildpflanzen ohne vorherige Bearbeitung des Bodens und ohne irgendwelche Pflege der Pflanzen selbst ist die erste Stufe zu einem wirklichen Ackerbau. Mit den dann folgenden Schritten, der Vorbereitung des Bodens für die Saat, der Beseitigung der Unkräuter, das heißt der auf dem Acker nicht erwünschten Pflanzen, und endlich der Düngung, der Versorgung des Bodens mit den für das Wachstum notwendigen Nährstoffen, hat der Mensch dann eine für die Pflanze besonders günstige Umwelt geschaffen. Diese erlaubte es besonders leistungsfähigen Formen, die in ihnen steckenden wertvollen Eigenschaften auch wirklich zu entfalten. Dem Menschen aber war es dadurch möglich geworden, aus der großen Masse der von ihm kultivierten Wildpflanzen einzelne Formen mit besseren Eigenschaften oder mit höherer Leistungsfähigkeit aufzufinden und zu vermehren. Mit dem Einsetzen eines, wenn auch noch so primitiven Ackerbaus war somit die erste Voraussetzung für die Entwicklung wirklicher Kulturformen gegeben.

Unterschiede zwischen Wildpflanzen und Kulturformen

Werden nun Wildarten, wenn sie vom Menschen in Kultur genommen werden, damit auch sofort zu Kulturpflanzen? Dies ist keineswegs der Fall. Die Pflanzen bleiben Wildpflanzen, auch dann, wenn sie vom Menschen angebaut werden, unter den günstigen Bedingungen der Kultur eine bessere Entwicklung zeigen und höhere Erträge ergeben als die in der Wildnis gesammelten Pflanzen. Sie haben ja keine der Eigenschaften verloren, die sie als Wildpflanzen kennzeichneten, und sie haben auch kein Merkmal dazugewonnen, das sie dem Menschen nützlicher und angenehmer machte als es die Wildpflanze ist; sie unterscheiden sich also noch in keiner Weise von einer Wildart. Wir können sie ebenso wie die Sammelpflanzen wohl als Nutzpflanzen, das heißt dem Menschen nützliche und von ihm genutzte Pflanzen, aber noch keineswegs als richtige Kulturformen bezeichnen. Eine wirkliche Kulturpflanze unterscheidet sich nämlich stets in bestimmten erblich bedingten Eigenschaften deutlich von ihrer wilden Urform.

Der „Riesenwuchs" der Kulturpflanzen

Beim Vergleich der Kulturformen mit ihren wilden Ausgangsarten fällt eines der Merkmale, in denen sich diese beiden Pflanzengruppen zu unterscheiden pflegen, besonders eindringlich ins Auge: es ist dies der verschiedene Bau, insbesondere die verschiedene Größe von Wildform und Kulturpflanze. Im Vergleich zu den kleineren und sehr viel zierlicheren Wildarten zeichnen sich die Kulturpflanzen stets durch einen größeren, robusteren Wuchs aus. Sie sind Riesenpflanzen, „Gigasformen", wie wir sie mit einem aus der Polyploidieforschung übernommenen Wort bezeichnen können. Diese üppigere Entwicklung der Kulturformen äußert sich nicht nur in der Höhe der Pflanzen selbst, sondern auch in der Ausbildung aller ihrer Teile. So unterscheiden sich die Kulturpflanzen von den dazu gehörigen Wildformen in der Regel auch durch größere, vor allem breitere und dickere Blätter (Abb. 2), durch derbere Sprosse, Stengel und Blattstiele, durch größere, nicht selten fleischige Wurzeln und durch größere Blüten (Abb. 3), Fruchtstände (Abb. 1, 4 u. 6), Früchte (Abb. 4, 7 u. 14) und Samen.

Abb. 2. Blätter von einer Kultursorte (Blatt links) und von zwei Wildformen (Mitte u. rechts) des Sauerampfers *(Rumex acetosa)*

Die höhere Pflanze setzt sich bekanntlich aus einer großen Anzahl von Grundelementen, den Zellen, zusammen. Eine Vergrößerung des Pflanzenkörpers kann nun entweder so erfolgen, daß bei gleicher Zellenzahl die Zellgröße zunimmt oder daß bei gleichbleibender Zellgröße die Zahl der Zellen vermehrt wird, oder aber durch Steigerung sowohl der Zellenzahl wie der Zellgröße. Alle diese drei verschiedenen Möglichkeiten finden wir in der Natur verwirklicht.

Auch über die eigentliche Ursache dieser Zellvergrößerung bzw. Zellvermehrung vermögen wir heute schon Einiges auszusagen. Eine häufige Ursache des Gigaswuchses ist, wie gesagt, die Polyploidie, die Verdoppelung oder noch stärkere Vermehrung der gesamten Chromosomen oder Kernschleifen, derjenigen Elemente, welche die Träger der Erbanlagen sind und welche andererseits in der sich nicht teilenden Zelle den Zellkern bilden, der den Stoffwechsel der Zelle entscheidend steuert. Die Vermehrung der

Chromosomenzahl führt nun nicht nur zur Vergrößerung des Zellkerns sondern auch zu einer Vergrößerung der ganzen Zelle. Diese durch die Polyploidie hervorgerufene Zellvergrößerung kann im Einzelnen sehr verschieden stark sein, in der Regel ist es jedoch so, daß mit einer Verdoppelung des Chromosomensatzes das Volumen der Zelle auf das Doppelte erhöht wird (Abb. 5 u. 6).

Abb. 3. Blühende Pflanze der Wildform (links) der zu Anfang dieses Jahrhunderts nach Europa eingeführten Fliederprimel, *Primula malacoides* und einer heute daraus entwickelten Kultursorte (rechts). Durch planmäßige Züchtung ist es hier in verhältnismäßig kurzer Zeit gelungen, Großblumigkeit mit großer Blütenzahl zu vereinigen. (Nach BÖHNERT und MÜHLENDYCK)

Wir kennen aber auch Gigaspflanzen, bei denen die Zahl der Chromosomen nicht vergrößert ist und die doch im Vergleich mit nahe verwandten Pflanzen einen typischen Gigaswuchs zeigen. Dies ist vor allem bei zahlreichen Kulturpflanzen der Fall. Vergleichen wir etwa das Wildeinkorn, den Wildemmer oder die Wildgerste mit den Kulturformen, die von ihnen abstammen, so können wir feststellen, daß in allen Fällen die Kulturformen gegenüber den Wildformen Gigaswuchs (Abb. 6) zeigen. Das Gleiche finden wir bei der Gegenüberstellung unserer Kulturtomate, *Lycopersicon esculentum*, mit ihrer vermutlich wilden Ursprungsform, *Lycopersicon pimpinellifolium* (Abb. 7), des Wildselleries mit dem Kultursellérie oder der wilden Ausgangsformen zahlreicher Zierpflanzen mit den heutigen Handelssorten (Abb. 3). In allen diesen Fällen können wir bei den Kulturpflanzen einen typischen Gigascharakter beobachten, ohne daß sich bei diesen Gigaspflanzen die Chromosomenzahl gegenüber den wilden Ausgangsformen, die keinen solchen Riesenwuchs zeigen, irgendwie geändert hätte. Allerdings scheint zum mindesten bei einem größeren Teil dieser nicht polyploiden Gigaspflanzen eine sehr bedeutungsvolle Veränderung an den Chromosomen vor sich gegangen zu sein. Diese sind nämlich in vielen Fällen bei nicht polyploiden Gigasformen ganz beträchtlich größer, vor allem sehr viel dicker als bei nahe verwandten Pflanzen, die einen solchen Riesenwuchs nicht zeigen (Abb. 8 u. 12). Nach einer von dem englischen Botaniker DARLINGTON entwickelten Vorstellung bestehen die einzelnen Erbanlagen aus einer Anzahl von Grundeinheiten, den sogenannten Moniden. Wenn nun bei bestimmten Pflanzen die Chromosomen bedeutend dicker sind als bei anderen, so liegt die Vermutung nahe, daß sich bei ihnen die

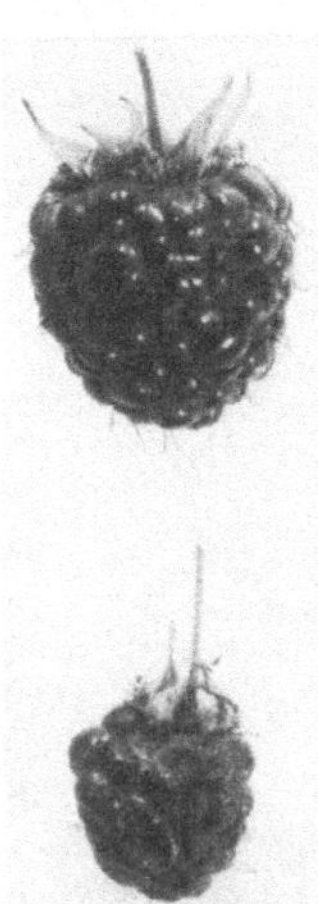

Abb. 4. Sammelfrüchte der wilden Himbeere, *Rubus idaeus* (unten) und einer von ihr abgeleiteten Kulturform, Sorte „Preußen" (oben)

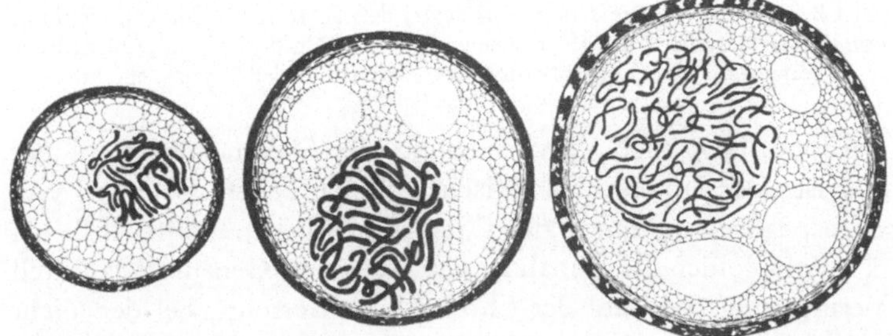

Abb. 5. Zunahme der Pollengröße mit steigender Polyploidiestufe bei einer Tulpensorte (White Duc Maxima von *Tulipa suaveolens*). Von links nach rechts: nicht polyploides Pollenkorn mit 12 Chromosomen, polyploides Pollenkorn mit 24 und solches mit 48 Chromosomen. (Nach DE MOL)

Gene aus einer größeren Anzahl von Moniden zusammensetzen. Sollte dies der Fall sein, so würde bei derartigen Riesenpflanzen mit vergrößerten Kernschleifen die bei den Vererbungsvorgängen wirksame Substanz ebenso vermehrt sein wie dies bei der

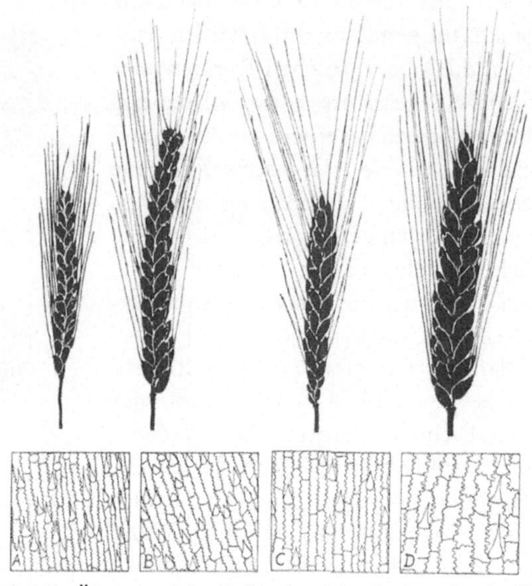

Abb. 6. Größe der Ähren und der Zellen (von der Außenseite der Hüllspelzen) bei Wild- und Kulturformen des Weizens. Von links nach rechts: Wildeinkorn, *Triticum boeoticum* (14 Chromosomen), Einkorn, *T. monococcum* (14 Chromosomen), Wildemmer, *T. dicoccoides* (28 Chromosomen), Emmer, *T. dicoccum* (28 Chromosomen). Die Abbildung zeigt, daß sowohl bei der Entwicklung von der Wildart zur Kulturform wie auch bei der Verdoppelung der Chromosomenzahl eine Vergrößerung der Zellen und der Organe eintritt

Verdoppelung oder Vervielfachung der Chromosomenzahl der Fall ist. Der Unterschied zwischen diesen beiden Gruppen von Gigaspflanzen bestände dann im Wesentlichen darin, daß bei den Polyploiden die Zunahme der Menge an Gensubstanz durch Vermehrung der Zahl der Chromosomen erfolgt, bei den nicht polyploiden Gigasformen dagegen durch eine Vermehrung der Erbmasse innerhalb der Chromosomen selbst. Die beiden an sich recht verschiedenartigen Erscheinungen hätten damit eine gleichartige Veränderung der erblichen Konstitution zur Folge:

sie würden beide zu einer mengenmäßigen Vermehrung der Substanz der einzelnen Gene führen. Damit aber würde auch verständlich werden, daß in beiden Fällen eine gleichartige Wirkung hinsichtlich der Gestalt der Pflanze erzielt wird: sowohl bei Zunahme der Chromosomendicke wie auch bei Vermehrung der Chromosomenzahl erfolgt eine Vergrößerung des Zellvolumens (Abb. 6), und diese führt wiederum zu den bekannten Erscheinungen des Gigaswuchses.

Im Gegensatz zu den polyploiden Gigasformen, bei denen also der Riesenwuchs ausschließlich durch Vergrößerung des Zellvolumens entsteht, spielt beim Zu-

Abb. 7   Abb. 8

Abb. 7. Fruchtstand der wilden Tomatenart *Lycopersicon pimpinellifolium* (links) und einer Kultursorte („Rheinlands Ruhm") von *L. esculentum*

Abb. 8. Zunahme der Chromosomengröße bei nicht polyploiden Gigaspflanzen. Chromosomen der wilden Tomatenart *Lycopersicon pimpinellifolium* (links) und der Kultursorte „Rheinlands Ruhm" von *L. esculentum* (rechts). (Vergrößerung 3500 mal). (Nach Schwanitz und Pirson)

standekommen des Riesenwuchses bei den nichtpolyploiden Gigasformen neben der Zunahme der Zellgröße auch die Vermehrung der Zahl der Zellen eine Rolle, und, wie schon gesagt, gibt es sogar Gigaspflanzen, bei denen nur die Zellenzahl eine Steigerung erfahren hat.

Vorteile des Riesenwuchses für die Eignung einer Pflanze als Kulturform

Wenn nun der Gigaswuchs bei den Kulturpflanzen eine allgemein verbreitete Erscheinung ist, so kann man annehmen, daß er die Pflanze für den Anbau durch den Menschen besonders geeignet macht. Derartige Vorteile sind bei den Gigasformen tatsächlich vorhanden. Sie beruhen einmal auf der Vergrößerung der einzelnen Organe der Pflanze und der dadurch mit bewirkten Steigerung der Erträge. Es ist bei einer Kulturpflanze nicht gleichgültig, ob die vom Menschen verwerteten Pflanzenteile groß oder klein sind (Abb. 7 u. 10). Die Steigerung der Blattgröße, der Frucht- und Samengröße erleichtert nicht unwesentlich die Ernte. Bei Gartenzierpflanzen ist die Größe der Blüte ein sehr wesentliches Kulturpflanzenmerkmal (Abb. 3 u. 19).

Vor allem aber dürfte die Vergrößerung der Blattfläche, ein wichtiges Merkmal aller Gigaspflanzen, einen entscheidenden Einfluß auf den Ertrag der Pflanzen besitzen. Die Blätter sind die Organe, in denen die Pflanze mit Hilfe der eingestrahlten Sonnenenergie aus Wasser und Kohlensäure die Kohlenhydrate, vor allem Zucker und Stärke aufbaut. In ihnen erfolgt die Synthese der Stickstoffverbindungen, vor allem der Aminosäuren und des Eiweißes. Alle wesentlichen organischen Verbindungen, aus denen die Pflanze ihren Körper aufbaut und die die Grundlage der tierischen und menschlichen Ernährung sind, werden also in den Blättern gebildet. Wird nun — wie dies bei den Nutzpflanzen der Fall ist — als Folge des Gigaswachstums die Blattfläche vergrößert, so ist die Pflanze zu entsprechend höheren Leistungen befähigt: sie kann in der gleichen Zeit mehr organische Substanz bilden als die Wildpflanze mit ihren wesentlich kleineren Blättern. Die Kulturpflanze ist also infolge der vergrößerten Blattfläche zu einer stärkeren Stoffproduktion befähigt und kann beträchtlich größere Mengen an Blättern, Früchten und Samen hervorbringen als ihre wilde Urform.

Der höhere Ertrag der Kulturpflanzen ist jedenfalls bei Formen mit verhältnismäßig kurzer Entwicklungsdauer auch weitgehend durch die starke Zunahme der Samengröße bestimmt. Großsamigkeit fördert die Schnelligkeit und Gleichmäßigkeit des Auflaufens und die Geschwindigkeit der Jugendentwicklung. Die Jungpflanzen haben durch den höheren Nährstoffgehalt der größeren Samen in ihrer Jugend einen wesentlich besseren Start, und diese günstigere Entwicklung in der Jugend macht sich auch bei der erwachsenen Pflanze in einer früheren Erntereife, in einem höheren Ertrag und in einer besseren Marktqualität bemerkbar.

Eine Verbesserung der Qualität der Ernteprodukte ist vielfach die weitere beachtliche Folge des Gigascharakters. Die Vergrößerung betrifft nämlich häufig nicht alle Teile eines Organs in gleicher Weise. Das fällt besonders bei den Früchten und Samen unserer Kulturpflanzen auf. Bei einem Wildapfel oder einer Wildbirne nimmt z. B. das Kerngehäuse mit den Samen einen verhältnismäßig großen Teil der Frucht ein. Bei Edelsorten ist im Vergleich dazu vor allem der Anteil des Fruchtfleisches, also des

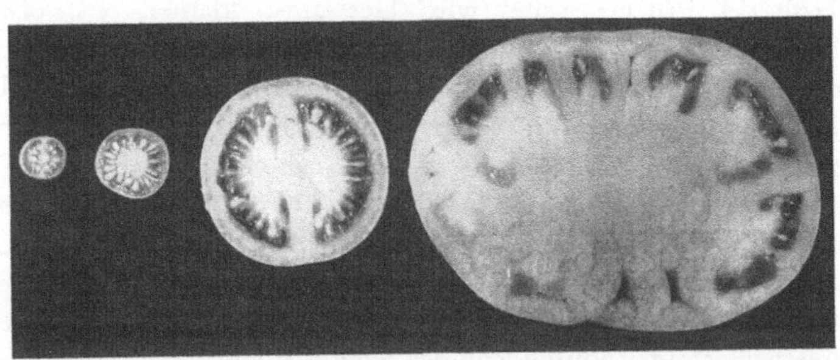

Abb. 9. Anteil des Fruchtfleisches an der Gesamtfrucht bei (von links nach rechts): der Wildtomate, *Lycopersicon pimpinellifolium*, der Kirschtomate, einer primitiven Kulturform, *L. esculentum var. cerasiforme*, einer normalen Kulturtomate, *L. esculentum var. commune*, und einer „Fleischtomate“

für uns wervollen Teiles der Frucht, sehr viel größer (Abb. 15). Ganz ähnlich steht es bei der Tomate. Die Wildart hat hier nur wenig Fruchtfleisch, der größte Teil der Frucht ist von einer gallertigen Masse erfüllt, in der die Samen eingebettet sind. Im Gegensatz dazu ist bei der Kulturtomate die fleischige Fruchtwand und die Scheidewand zwischen den beiden Fruchthälften sehr stark vergrößert, das gallertige Innere mit den Samen hat einen sehr viel geringeren Anteil an der Gesamtfrucht (Abb. 9). Darüber hinaus gibt es sogenannte Fleischtomaten, bei denen die Tomatenfrucht zum überwiegenden Teil nur noch aus dem festen Fruchtfleisch besteht. Diese Zunahme des Fruchtfleisches bedeutet aber nicht nur eine bedeutende geschmackliche Verbesserung, sondern auch eine Steigerung des gesundheitlichen Wertes der Tomate. Das Fruchtfleisch enthält nämlich etwa dreimal so viel Vitamin C wie das schleimige Innere der Frucht. Eine Erhöhung des Anteils des Fruchtfleisches bedeutet also gleichzeitig eine bedeutende Steigerung des Vitamingehaltes der Tomate. Auch bei Himbeeren ist bei den Kultursorten der Samenanteil in den Einzelfrüchtchen sehr viel geringer als bei Wildformen, eine Tatsache, die wesentlich mit zu dem besseren Geschmack der Kulturhimbeeren beiträgt. Bei der Erdbeere sitzen bekanntlich die eigentlichen „Früchte", kleine Nüßchen, oben auf dem „Fruchtfleisch", das ja aus dem vergrößerten, fleischig gewordenen Blütenboden besteht. Das Verhältnis der Zahl der Früchtchen zur Masse des Fruchtfleisches wird hier umso kleiner, je größer die Frucht wird, und damit wird auch bei den Erdbeeren mit zunehmender Fruchtgröße die Güte der Frucht verbessert, da die Nüßchen nicht nur beim Genuß der Frucht lästig sind, sondern durch ihren bitteren Geschmack die Qualität der aus den Früchten bereiteten Marmeladen sehr herabsetzen können. Hier zeichnet sich bereits deutlich eine Erscheinung ab, die bei der Verbesserung der Qualität der Kulturpflanzen häufig eine beachtliche Rolle spielt: die relative Verminderung der Zahl der Nüßchen erfolgt dadurch, daß bei der Vergrößerung der Erdbeerfrucht deren Volumen in sehr viel stärkerem Maße zunimmt als ihre Oberfläche, auf der ja die eigentlichen Früchtchen sitzen (vgl. Abb. 41).

Eine ähnliche Beobachtung können wir auch beim Vergleich des Wildhafers und der Wildgerste mit den von ihnen abstammenden Kulturformen machen. Hier ist bei der Wildart der Anteil der das Korn fest umschließenden Hüllspelzen am Gewicht des gesamten Getreidefrüchtchens bedeutend größer als bei der Kulturform. Ein ganz entsprechendes Verhalten finden wir endlich auch bei den Samen der Wild- und der Kulturformen von Hülsenfrüchtlern.

Eine Verbesserung der Qualität durch das Gigaswachstum erfolgt aber nicht nur durch die Vergrößerung der verschiedenen Organe, sondern in vielen Fällen darüber hinaus auch durch die Vergrößerung der Grundbausteine dieser Organe, der Zellen. Auch für diese gilt, daß größere Zellen eine verhältnismäßig kleinere Oberfläche besitzen als kleinere Zellen. Diese relative Verkleinerung der Oberfläche bei größeren Zellen spielt eine Rolle bei dem Verhältnis zwischen Zellinhalt und Zellwandung. Je kleiner die Zelle ist, umso größer ist der Anteil der Wand an

der Substanz der gesamten Zelle, und umgekehrt, je größer die
Zelle ist, umso geringer ist die Rolle, welche die Zellwand bei
der stofflichen Zusammensetzung der Zelle spielt. Die Zellwände
bestehen bei der Pflanze aus Zellulose, einem festen, für den
Menschen unverdaulichen Stoff. Je größer der Anteil der Wand-
substanz ist, umso zäher und schwerer verdaulich müssen die
Organe der Pflanze werden. Damit wird verständlich, daß die
kleinzelligen Wildarten verhältnismäßig harte Organe besitzen,
während sie bei den großzelligen Kulturformen sehr viel zarter
sind.

Eine größere Zartheit der genutzten Gewebe wird ferner auch
durch einen größeren Wassergehalt der Zellen bewirkt, wie er
jedenfalls für die Gigaspflanzen mit vergrößertem Zellvolumen
bezeichnend zu sein scheint.

Die verminderte Fruchtbarkeit der Kulturpflanzen

Wir wissen, daß die polyploiden Gigaspflanzen weniger fruchtbar sind als ihre nicht polyploiden Ausgangsformen. Vergleichende Untersuchungen an nicht polyploiden Kulturpflanzen und
ihren wilden Ursprungsformen zeigten nun, daß auch hier die
Gigaspflanzen eine herabgesetzte Fruchtbarkeit besitzen; sie
bringen in der Regel weniger Blütensprosse, Blüten, Früchte und
Samen hervor als die entsprechenden Wildformen. Diese Verminderung der Fruchtbarkeit scheint auf den ersten Blick in
krassem Widerspruch zu der oben als Folge des Gigaswuchses
erwähnten Steigerung der Erträge zu stehen. Sie ist es in der Tat
auch, wenn man nur die *Zahl* der hervorgebrachten Früchte und
Samen ins Auge faßt. Betrachtet man jedoch das *Gewicht* an Samen
oder Früchten, das von Wild- und Kulturpflanzen geerntet wurde,
so verschiebt sich das Bild ganz wesentlich (vgl. Abb. 7). In
diesem Falle nämlich zeigen in der Regel die riesenwüchsigen
Kulturformen die höheren Erträge, während die fruchtbareren
Wildpflanzen sich als weniger leistungsfähig erweisen. Die Ursache dieser eigenartigen Erscheinung ist in dem sehr viel größeren Gewicht der Organe der Kulturformen zu suchen, das die
geringere Zahl an Früchten und Samen weitgehend ausgleicht,
ja, das darüber hinaus sogar dazu führen kann, daß die Erträge

der Kulturpflanzen — nach Gewicht berechnet — diejenigen der Wildarten weit übertreffen, wie dies etwa bei unseren Getreidearten der Fall ist. Dasselbe gilt auch für Wildlein und Kulturlein und für zahlreiche andere Arten.

In manchen Fällen findet man allerdings bei der Kulturform eine schwächere Produktion an Früchten als bei der dazu gehörigen Wildart. Dies ist z. B. bei der Hauszwetschge, *Prunus domestica*, der Fall, die im Durchschnitt beträchtlich niedrigere Ernten erbringt als die eine ihrer Elternarten, die anatolische Kirschpflaume, *Prunus cerasifera*. Obgleich auch diese recht wohlschmeckende Früchte besitzt, haben die Größe der Früchte und die weitaus bessere Qualität des Fruchtfleisches bewirkt, daß sich die Zwetschge als Nutzpflanze sehr viel stärker durchgesetzt hat als die Kirschpflaume. Wir ersehen aus diesem Beispiel sehr deutlich, daß Größe und Qualität der vom Menschen genutzten Teile der Pflanzen bei den Kulturpflanzen so wichtige Eigenschaften sind, daß unter Umständen sogar der Ertrag dahinter zurücktreten kann.

Unterschiede im Ausmaß des Gigascharakters bei verschiedenen Sorten einer Kulturpflanze

Unterschiede in der Pflanzen- und Organgröße bestehen nun aber nicht nur zwischen Wildarten und den von ihnen abstammenden Kulturpflanzen, auch bei den Kulturpflanzen selbst finden wir häufig den Gigascharakter sehr verschieden stark entwickelt. So erscheinen die großsamigen Ölleine mit ihren großen Blüten, Früchten und Samen gegenüber den kleinblütigen und kleinsamigen Faserleinen als typische Gigasformen. Die vergleichende Untersuchung der Zellen und der Zellkerne zeigte, daß die Ölleine tatsächlich größere Zellen, größere Zellkerne und größere Chromosomen besitzen als die Faserleine. Ein ganz ähnliches Verhalten zeigten verschiedene Kultursorten vom Porree, *Allium porrum*. Frühreifer Sommerlauch hat sehr viel dünnere Sprosse und sehr viel schmalere Blätter als Winterlauch, der im Vergleich zum Sommerlauch einen typischen Gigaswuchs zeigt (Abb. 10). Auch hier ergab die vergleichende mikroskopische Analyse des Gewebes der beiden verschiedenen Sorten, daß die zartgebaute Sommerform kleine Zellen mit kleinen Kernen und Chromosomen besaß (Abb. 11 u. 12), während sich der Gigascharakter des Winterlauchs auch in der Zell- und Chromosomengröße äußert. Der Riesenwuchs ist demnach eine Eigenschaft, die nicht nur die Kulturpflanze gegenüber der Wildform kennzeichnet, er kann auch bei der Kulturpflanze sehr verschieden stark entwickelt sein und dadurch die Entstehung von Sorten mit sehr verschiedener Leistungsfähigkeit zur Folge haben. Denn die Unterschiede im Ausmaß des Gigaswuchses innerhalb einer bestimmten Kulturpflanzenart wirken sich nicht nur im Bau, sondern auch in den Leistungen der Pflanze aus. So führt beim Winterlauch der stärker entwickelte Gigascharakter auch zu einer langsameren Entwicklung und damit zu einer Ver-

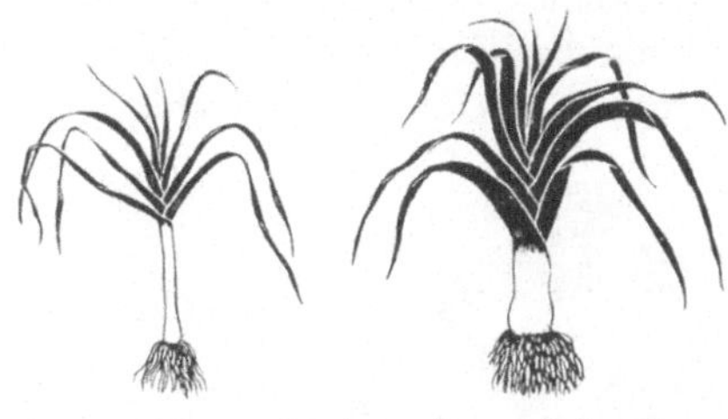

Abb. 10. Unterschiede im Ausmaß des Gigaswuchses bei Kulturpflanzen. Links „Französischer Sommerporree" (*Allium porrum*), rechts Winterlauch „Elefant"

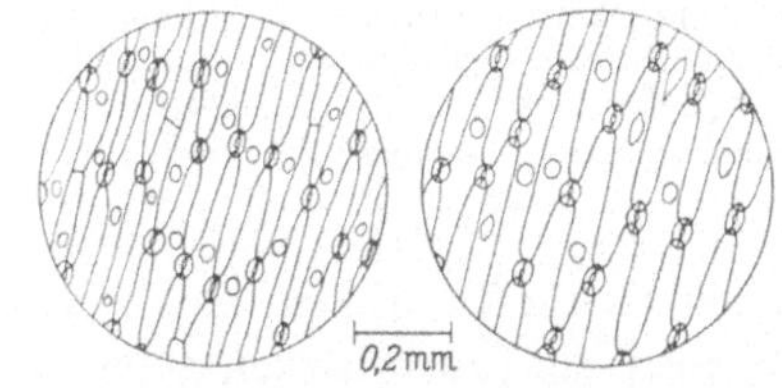

Abb. 11. Zellnetz der Porreesorte „Französischer Sommerporree" (links) und der Sorte „Elefant". (Nach SCHWANITZ)

längerung der Vegetationszeit. Diese wiederum bewirkt, daß den Gigaspflanzen mehr Zeit zur Assimilation, zur Bildung organischer Substanz mit Hilfe der Sonnenenergie zur Verfügung steht, sie ist damit letzten Endes eine der Ursachen der höheren Stoffproduktion durch die Gigaspflanze.

Die mit dem Gigaswuchs verbundene Verringerung der Fruchtbarkeit tritt vielfach auch innerhalb der einzelnen Arten unserer Kulturpflanzen zutage: je größer z. B. bei unseren Gartenzierpflanzen die Blüten sind, umso geringer ist deren Zahl. Man denke hier etwa an die Petunien, bei denen die kleinblumigen Sorten sich durch einen reichen Blütenflor auszeichnen, während die großblumigen Formen nur eine verhältnismäßig kleine Zahl von

Blüten hervorbringen. Ähnlich liegen die Verhältnisse bei den Kulturformen des Gänseblümchens, auch hier schließen Großblumigkeit und eine hohe Zahl von Blüten einander aus. Die zielbewußte moderne Züchtung vermag allerdings auch diese scheinbar unvereinbaren Eigenschaften miteinander zu kombinieren. Wir kennen hochgezüchtete Zierpflanzen, die sehr viel größere Blüten besitzen als ihre wilden Ursprungsformen und gleichzeitig auch eine unvergleichlich größere Zahl von Blüten hervorzubringen vermögen (Abb. 3), und auch bei Obstbäumen ist es der Kunst genialer Züchter gelungen, Sorten zu schaffen, bei denen sowohl die Fruchtgröße wie auch die Zahl der Früchte ganz bedeutend gesteigert sind.

Wir erwähnten bereits, daß die großsamigen Ölleine einen viel stärker entwickelten Gigascharakter haben als die Faserleine. Es ist nun bezeichnend, daß bei diesen Ölleinen die Fruchtbarkeit sehr viel schlechter ist als bei Faserleinen. Während diese etwa 8 Samen je Kapsel besitzen, enthält die Frucht der Ölleine im Durchschnitt nur etwa 5 Samen. Allerdings wird der geringere Samenansatz der großzelligen Ölleine durch deren erhöhte Samengröße wieder ausgeglichen: das 1000-Korngewicht beträgt beim Faserlein im Mittel 5 g, beim Öllein dagegen 11 g.

Wir sehen hier die gleiche Erscheinung vor uns, die wir schon bei der Erwähnung der Früchte der Gigasformen kennengelernt haben: Für die Erhaltung der Arten in der Natur ist es entscheidend, daß möglichst viele Früchte und Samen hervorgebracht werden. Auch der Züchter legt bei solchen Pflanzen, bei denen Sprosse, Wurzeln oder Blätter genutzt werden, großen Wert darauf, von der Einzelpflanze möglichst viele Samen zu ernten. Dagegen ist dort, wo der Mensch die Früchte und Samen selbst genießt oder zur Herstellung von Nahrungsmitteln verwendet,

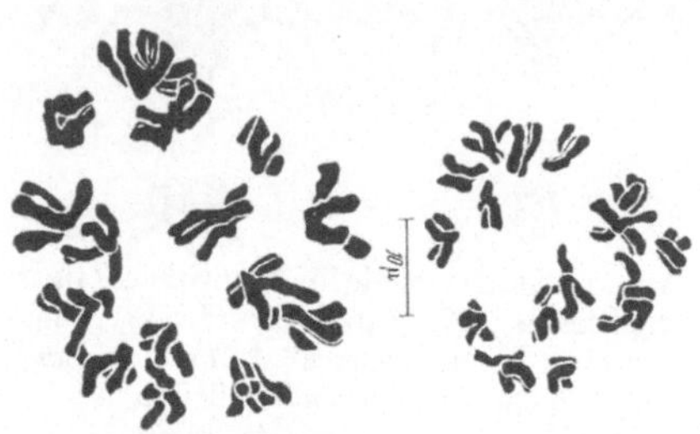

Abb. 12. Chromosomen der kleinzelligen Sommerform „Französischer Sommerporree" (links) und der großzelligen Wintersorte „Elefant" von *Allium porrum*. (Nach SCHWANITZ und PIRSON)

die Masse, das Gesamtgewicht der geernteten Früchte oder Samen entscheidend. Hierbei ist es, wie wir gesehen haben, keineswegs gleichgültig, ob ein höherer Ertrag durch Zunahme der Zahl oder durch Vergrößerung der Samen und Früchte zustandekommt. Großfrüchtigkeit und Großsamigkeit sind bei diesen Kulturpflanzen unbedingt ein großer Vorteil für den Menschen und daher auch häufig anzutreffen.

Wir haben hier ein Merkmal, in dem sich Wildpflanze und Kulturpflanze grundlegend unterscheiden, den Riesenwuchs, so eingehend behandelt, weil wir glauben, daß es sich beim Übergang vom Normalwuchs zum Riesenwuchs um den wichtigsten Schritt bei der Entwicklung der Wildart zur Kulturpflanze handelt. Für diese Annahme sprechen verschiedene Gründe: einmal ist, im Gegensatz zu anderen Merkmalen, zwischen Wild- und Kulturpflanze *stets* ein Unterschied in der Organ- und Pflanzengröße, häufig auch in der Zellgröße vorhanden. Ferner bringt der Riesenwuchs, wie gezeigt wurde, eine sehr beachtliche Vergrößerung der vom Menschen genutzten Organe der Pflanze, erhebliche Steigerungen der Erntemenge, vor allem aber auch bedeutende Verbesserungen der Qualität der pflanzlichen Produkte mit sich. Alle diese Eigenschaften aber sind für die Nutzung der Pflanze durch den Menschen ganz besonders wichtig, ihre weitere Verbesserung auch bei der Kulturpflanze gehört auch heute noch zu den wichtigsten Aufgaben der Pflanzenzüchtung.

Verkümmerung oder Verlust der natürlichen Verbreitungsmittel bei der Kulturpflanze

Bei der überwiegenden Zahl der Wildpflanzen wird die Erhaltung der Arten in der Natur durch die Erzeugung einer großen Menge von Früchten und Samen gesichert. Damit diese ihre Aufgabe auch erfüllen können, besitzen alle Wildpflanzen Einrichtungen, welche der Ausbreitung dieser Organe dienen. Die Verbreitungsmittel sind bei den einzelnen Pflanzengruppen überaus verschiedenartig. Bei den Schmetterlingsblütlern und bei den Kreuzblütlern z. B. entstehen durch den besonderen Bau der inneren Fruchtwandung beim Reifen Spannungen, die zum Aufreißen der Hülsen und Schoten an den „Nahtstellen" führen, welche die beiden Hülsen- oder Schotenhälften miteinander verbinden. Dieses Aufspringen der reifen Früchte erfolgt häufig mit einer solchen Vehemenz, daß die Samen weithin verstreut werden. Bei den wilden Mohnarten und auch bei primitiven Kulturformen unseres Ölmohns ist die Verbreitung der Samen dadurch gesichert, daß die Kapselwandungen mit vorgebildeten Poren versehen sind, die sich im Stadium der Reife öffnen (Abb. 14), so daß die Samen durch den Wind leicht aus den Löchern in der Kaspel herausgeschleudert werden können.

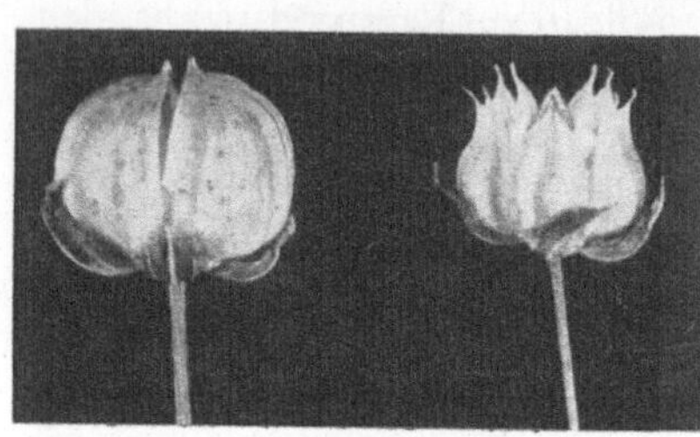

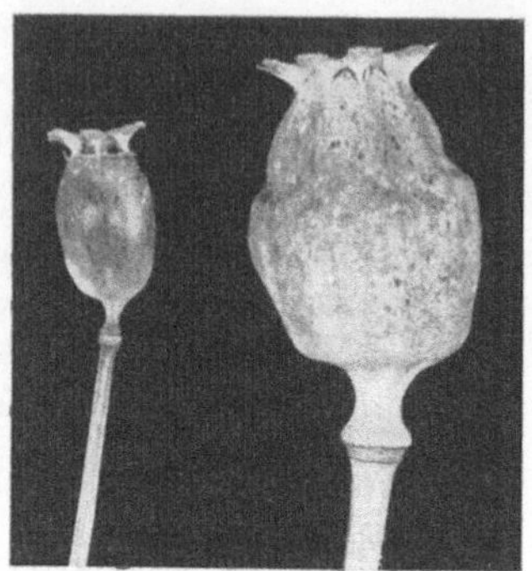

Abb. 13Abb. 14

Abb. 13. Bei der Reife aufplatzende Fruchtkapsel des Wildleins, *Linum hispanicum* (links). Daneben die platzfeste Frucht einer Kulturleinsorte

Abb. 14. Kapsel des Wildmohns, *Papaver setigerum* (links) mit Poren, die sich bei der Reife öffnen. Daneben Kapsel eines Schließmohns *(Papaver somniferum)*

Noch wieder anders ist bei den Wildformen unserer Getreidearten für die Verbreitung der Art gesorgt. Hier zerbricht bei den Wildgersten, beim Wildemmer und beim Wildroggen die reife Ährenspindel in die einzelnen Glieder, die dann mitsamt den in ihnen sitzenden Getreidefrüchtchen vom Winde weithin ausgestreut werden (Abb. 1). Die Wildhafer, so etwa der als Unkraut in unseren Getreidefeldern vorkommende Flughafer, die Ausgangsform unseres Saathafers, besitzen Früchtchen, die bei der Reife aus den Rispen ausfallen.

Alle diese verschiedenen Einrichtungen, die der Verbreitung der Früchte und Samen dienen, sind für die Wildpflanze nützlich, ja lebensnotwendig, weil von ihnen die Erhaltung und Verbreitung der Art abhängen. Dem Menschen dagegen ist die Fähigkeit der Pflanze, für ihre Ausbreitung selbst zu sorgen, unerwünscht,

26

geht ihm doch dadurch ein beträchtlicher Teil seiner Ernte verloren. Wir finden daher, daß bei fast allen wichtigen Kulturpflanzen, bei denen die Früchte oder Samen genutzt werden, die natürlichen Verbreitungsmittel der Pflanze verloren gegangen sind. Unsere Getreidearten haben eine zähe Ährenspindel, die bei der Reife nicht zerbricht. Bei den Zuchtsorten des Leins platzen die Fruchtkapseln ebensowenig auf wie die Hülsen der Kulturerbsen, der Ackerbohnen oder der Gartenbohne. Vom Mohn kennen wir heute als wirkliche Kulturform nur noch den Schließmohn, bei dem die Kapsel keinerlei Öffnungen mehr enthält, durch die der reife Samen in das Freie gelangen könnte. Nur bei sehr primitiven Landsorten in landwirtschaftlich rückständigen Gegenden hat sich gelegentlich die ursprüngliche Befähigung der Pflanze, selbst für ihre Vermehrung zu sorgen, auch noch bei der Kulturpflanze erhalten. So wird in abgelegenen Bezirken Spaniens bis in unsere Tage noch Springlein angebaut, eine Primitivform, deren Früchte bei der Reife aufspringen; so gibt es vereinzelt auch noch Schüttmohn, der seine Samen bei der Reife genau so ausstreut, wie es die wilden Mohnarten tun. Selbst bei so alten Kulturpflanzen, wie es unsere Getreidearten sind, finden wir gelegentlich noch Reste der ursprünglichen Befähigung, selbst für die Ausbreitung der Nachkommenschaft zu sorgen. Der Spelzweizen, *Triticum spelta*, zum Beispiel hat eine Ährenspindel, die eine gewisse Neigung zum Zerbrechen besitzt, und auch beim Saathafer ist die Neigung zum Ausfallen der reifen Früchtchen durch die Züchtung noch nicht völlig beseitigt.

Dem Schutz der Getreidefrüchtchen vor Tierfraß, aber auch ihrer Verbreitung durch den Wind oder durch die Tiere dienen wahrscheinlich auch die Grannen, die langen stachelartigen, mit vielen kleinen Widerhaken versehenen Fortsätze der Spelzen, der die Früchtchen einhüllenden Blättchen. Die Grannen fehlen beim Saathafer, während sie beim Flughafer vorhanden sind. Die meisten Sorten des Saatweizens sind ebenfalls grannenlos, und auch von der Gerste und vom Roggen kennen wir einige unbegrannte Herkünfte.

Auch bei Kulturpflanzen, welche sich vegetativ vermehren können, hat der Mensch die Ausbreitungsfähigkeit der Pflanze stark eingeschränkt. Die Wildkartoffel bildet lange unterirdische

Ausläufer, an denen erst in größerer Entfernung von der Mutterpflanze die der ungeschlechtlichen Vermehrung dienenden Knollen gebildet werden, und auch ältere Kultursorten zeigen dieses Merkmal, das für die Ausbreitung der Pflanze sehr wichtig ist. Dem Landwirt ist diese verstreute Lage der Knollen im Boden lästig, weil sie die Ernte erschwert und verteuert. Man hat heute daher Sorten geschaffen, bei denen die Ausläufer ganz kurz sind, so daß die Knollen eng gehäuft um die Basis des Sprosses liegen.

Zu dem Verlust der natürlichen Verbreitungsmittel kommt bei der Kulturpflanze häufig noch das Verschwinden oder die Verschlechterung der natürlichen mechanischen Schutzmittel der Früchte und Samen hinzu. Als derartige Bildungen dürfen wir bei unseren Getreidearten die Spelzen ansehen, die bei allen Wildformen das reife Getreidefrüchtchen eng umschließen und es so vor Beschädigung und Tierfraß schützen. Dem Menschen sind Getreidesorten, bei denen alle Spelzen fest auf der Ährenachse sitzen bleiben, bei der Reife auseinanderweichen und das nackte Korn freigeben, sehr viel angenehmer. Bei den meisten Weizenarten, beim Roggen und beim Mais finden wir daher heute nur noch derartige „nacktkörnige" Sorten, und es gibt auch bei Gerste, Hafer und Hirse, die wir an sich als spelzfrüchtige Kulturpflanzen kennen, eine Reihe unbespelzter Sorten.

Zu diesen Schutzeinrichtungen gehören auch die dicken harten Schalen, welche die Samen unserer Steinfrüchte, der Kirschen, der Pflaumen, der Aprikosen, der Pfirsiche und der Walnüsse umgeben. Auch hier hat der Mensch in einigen Fällen bereits diese ihm lästigen Bildungen reduziert oder ganz beseitigt. So finden wir bei den meisten Kultursorten der Mandeln bereits verhältnismäßig dünnwandige Kerne. Von der Walnuß kommen in China Sorten mit papierdünner Schale vor. Bei der kernlosen Pflaume des amerikanischen Pflanzenzüchters Burbank endlich sind die Samen zwar noch von einer Schale umgeben, in dieser werden jedoch keine Steinzellen ausgebildet, sie bleibt weich und gallertig. Steinzellen umgeben auch bei der Holzbirne in großer Menge das Kerngehäuse. Bei der Kulturbirne ist jedenfalls bei edlen Zuchtsorten diese den Genuß stark beeinträchtigende Eigenschaft nicht mehr anzutreffen (Abb. 15). Hier muß endlich auch die Lage der sogenannten „Augen", der ruhenden Knospen der Kartoffelknolle, erwähnt werden. Bei Wildformen und älteren Sorten sind sie tief in die Knolle eingesenkt und dadurch vor Beschädigungen geschützt. Da diese tiefsitzenden Augen beim Schälen der Kartoffel hinderlich sind und zu viel Abfall geben, hat man Kartoffelsorten mit sehr flacher Augenlage gezüchtet. Dem Menschen sind, wie gesagt, alle diese Merkmale bei seinen Kulturpflanzen unerwünscht gewesen. Er hat daher in vielen Fällen dafür gesorgt, daß diese Eigenschaften, welche die Qualität der Pflanzenprodukte für den menschlichen Gebrauch herabsetzen, aus der Erbmasse seiner Kulturpflanzen ausgemerzt worden sind.

Mit diesen Veränderungen aber hat die Verringerung der natürlichen Erhaltungs- und Ausbreitungsfähigkeit bei der Kulturpflanze noch keineswegs das äußerste Stadium erreicht, das für die Pflanze möglich ist.

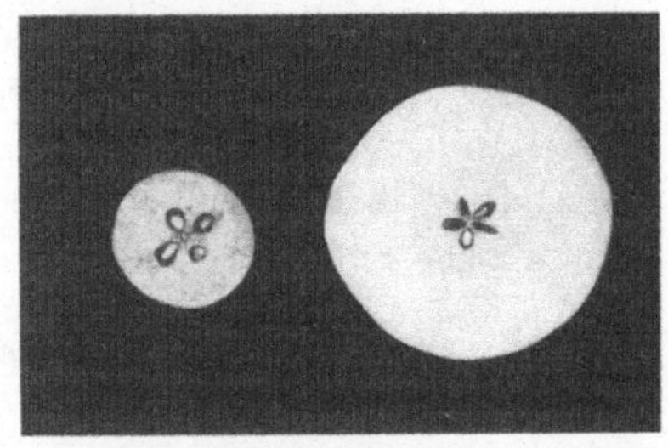

Abb. 15. Zahlreiche „Steinzellen" sind im Fruchtfleisch der Holzbirne vorhanden. Bei der Kulturbirne fehlen sie völlig

Es gibt bei Äpfeln und Birnen, bei Feigen und anderen Obstarten bestimmte Sorten, die zu Parthenokarpie oder Jungfernfrüchtigkeit neigen, das heißt, die Fähigkeit besitzen, auch ohne vorhergehende Befruchtung der Samenanlagen Früchte hervorzubringen. Solche Jungfernfrüchte besitzen zwar noch ein Kerngehäuse, dieses ist jedoch schwach entwickelt und enthält nur verkümmerte oder aber überhaupt keine Samen. Eine solche Neigung zur Jungfernfrüchtigkeit ist für Kulturpflanzen, die um ihrer Früchte willen angebaut werden, von Vorteil. Die Pflanze bringt in diesem Falle nämlich auch dann noch Früchte hervor, wenn etwa wegen schlechter Witterung eine Bestäubung der Blüten durch die Insekten nicht oder doch nur in ungenügendem Maße stattfinden konnte. Eine ausgeprägte Jungfernfrüchtigkeit macht also den Fruchtansatz von der Witterung weitgehend unabhängig und hilft damit den Ertrag der Obstbäume sichern. Dazu kommt noch, daß Kerngehäuse und Samen bei einer Frucht in der Regel unerwünscht sind, denn samenlose Früchte sind für den Genuß angenehmer und wohlschmeckender als solche mit normal ausgebildeten Samen.

Leider erreicht bei den Apfel- und Birnensorten, die Jungfernfrüchte bilden, die Größe und Qualität dieser ohne Befruchtung
entstandenen Früchte bei weitem nicht die der normalen Früchte.
In anderen Fällen entwickeln sich jedoch die Früchte ohne
Befruchtung ganz normal. Dies ist u. a. bei Gurken, bei bestimmten Sorten von Stachelbeeren, Johannisbeeren, Brombeeren,
Weintrauben, Mispeln, bei Apfelsinen, Feigen und Ananas, bei
der Kulturform des Brotfruchtbaumes und bei allen Kultur-
bananen der Fall.

Einen ganz absonderlichen Fall der Befähigung einer Pflanze,
Früchte ohne Befruchtung hervorzubringen, stellt die „vegetative
Birne" dar, die der bekannte russische Pflanzenzüchter MITSCHU-
RIN geschaffen hat. Diese Birnensorte blüht wie jede andere Birne
im Frühjahr, und aus den befruchteten Blüten gehen ganz normale
Früchte hervor, die im Juli reifen. Danach blüht der Baum zum
zweiten Male und treibt überdies kurze Sprosse, an deren Enden
sich eine Anhäufung von Blättern findet. Der Grund dieser Blatt-
büschel verdickt sich und bildet eine „vegetative Frucht", an
deren Ende noch die Blätter stehen. Diese „vegetativen" Früchte
reifen im Herbst gleichzeitig mit den aus der zweiten Blüte hervorgegangenen Birnen.

Auch bei den gärtnerischen Zierpflanzen führt die höchste Entwicklung der Blüten zu starker, ja unter Umständen zu voll-
ständiger Unfruchtbarkeit. Die „Füllung" der Blüten, die bei
allen Gartenblumen ein sehr beliebtes Kulturpflanzenmerkmal ist,
erfolgt sehr häufig durch Umwandlung der für die geschlecht-
liche Fortpflanzung entscheidenden Teile der Blüte, der Staubgefäße oder auch der Fruchtblätter in blütenblattähnliche Gebilde.
Die Umbildung der eigentlichen Geschlechtsorgane der Pflanze
in Teile des Schauapparates vermag bis zu völliger Unfruchtbarkeit der Pflanze zu führen. Diese Sterilität kann jedoch bei Zierpflanzen durchaus vorteilhaft sein. Die gefüllt blühenden Kirschen-
arten und -sorten, die in Japan nur um ihrer schönen Blüten willen
angepflanzt werden, bringen jedes Jahr eine Überfülle von Blüten
hervor im Gegensatz zu den normal fruchtenden Bäumen, bei
denen in der Regel auf ein Jahr mit reichen Erträgen ein Jahr mit
einer geringen Produktion an Blüten und Früchten folgt. Der
fehlende Fruchtansatz führt dazu, daß die Pflanze nach dem

Blühen keine Nährstoffe für die Ausbildung der Frucht verbraucht.

Wie die samenlosen, jungfernfrüchtigen Obstsorten in der Obstzüchtung das ideale Endziel der Züchtung auf höchste Qualität darstellen, weil durch die Samenlosigkeit der Wert der Frucht für den menschlichen Geschmack ganz wesentlich erhöht wird, so sind bei den Gartenzierpflanzen die sterilen, gefüllt blühenden Sorten nicht nur wegen ihrer größeren Zahl an Blütenblättern sondern auch infolge der erhöhten Blütenproduktion als besonders wertvolle Schöpfungen der Pflanzenzüchtung anzusehen.

In den unfruchtbar gewordenen Blüten und den samenlosen Früchten erreicht eine Entwicklungsreihe ihren Höhepunkt, die von einer Verschlechterung der Verbreitungsfähigkeit zu deren völligem Verlust, von der Minderung der Fähigkeit zur geschlechtlichen Fortpflanzung bis zu deren völligem Ausfall führt. Je besser also in vielen Fällen eine Pflanze durch die Züchtung veredelt und je wertvoller sie für den Menschen ist, umso weniger ist sie fähig, sich selbst ohne Hilfe des Menschen in der Natur fortzupflanzen und ihre Erbmasse und ihre Eigenschaften auf die Nachkommenschaft zu übertragen.

Verlust von Bitter- und Giftstoffen bei der Kulturpflanze

Bei einer großen Zahl unserer Kulturpflanzen zeigen deren wilde Ursprungsarten bereits die wertvollen Eigenschaften, die ihre domestizierten Abkömmlinge auszeichnen. So besitzen alle Wildgetreide wohlschmeckende mehlige Früchte, und auch die Samen der Wildbohne, *Phaseolus aborigineus*, haben einen so guten Geschmack, daß sie heute noch im Urwald gesammelt und ohne weiteres gegessen werden. Die Früchte der Wildtomate sind auch für den verwöhnten Geschmack des Kulturmenschen durchaus genießbar, und diejenigen der wilden Erdbeeren und Himbeeren gelten gemeinhin sogar als sehr viel wohlschmeckender als die Produkte der von ihnen abstammenden Kulturformen unserer Gärten.

Nicht immer sind jedoch die Wildarten, die vom Menschen einstmals als Sammelpflanzen genutzt wurden oder aber heute noch gesammelt werden, ohne weiteres eßbar. Viele von ihnen enthalten schlecht schmeckende, diätetisch ungünstig wirkende oder gar giftige Stoffe. So sind von den etwa insgesamt 51 Sammelpflanzen, von denen sich die Eingeborenen Australiens ernähren, nur 36 Arten roh genießbar. Alle diese Arten besitzen aber einen wenig angenehmen Geschmack und geringen Nährwert. Von einer weiteren Gruppe von 9 Arten sind die Wurzeln gebacken eßbar. Die restlichen 6 Arten, die die wichtigste pflanzliche Nahrung der Australneger bilden, sind sämtlich in rohem Zustand giftig.

Derartige unerwünschte Inhaltsstoffe verschiedenster Natur sind auch in Mitteleuropa sowohl in den einheimischen Wildformen unserer Kulturpflanzen wie auch in zahlreichen unserer Sammelfrüchte enthalten. Man denke hier nur an den hohen Gerbstoffgehalt der Eicheln, der Schlehen, der Holzäpfel und der Holzbirnen sowie an die Bitterstoffe in den Früchten der wilden Eberesche. Es sei hier ferner daran erinnert, daß eine ganze Reihe wertvoller Speisepilze, so verschiedene Täublingsarten oder auch der bekannte Hallimasch, in rohem Zustand ungenießbar oder, wie die Frühlorchel, sogar giftig sind. Giftig sind auch die Bucheckern und die Beeren des Traubenhollunders.

Bereits der primitive, noch auf der Stufe des Sammlers stehende Mensch hat es jedoch verstanden, Verfahren zu entwickeln, um ihm wertvolle Teile dieser Pflanzen unschädlich und schmackhaft zu machen. Durch Zerkleinern, Auslaugen, Trocknen, Rösten, Kochen oder durch Vergärung wußte er unangenehme und schädliche Pflanzenstoffe zu entfernen.

Selbst uralte Kulturpflanzen zeigen heute noch derartige Mängel. So sind sie rohen unreifen Früchte der Gartenbohne giftig, und die zahlreichen Verfahren, mit deren Hilfe man in Ostasien aus der Sojabohne die verschiedenartigsten Nahrungsmittel bereitet, dienen vor allem der Beseitigung von Pflanzenstoffen, die den unbehandelten Bohnen einen unangenehm kratzigen Geschmack und eine purgierende Wirkung verleihen. Bei einer anderen, ebenfalls sehr alten Gruppe von Kulturpflanzen, den Hirsen, muß man bekanntlich die aus den Körnern bereitete Grütze vor dem Kochen mit heißem Wasser überbrühen und dieses dann abgießen, um eine wirklich wohlschmeckende Speise zu erhalten.

In den meisten Fällen allerdings sind derartige schlecht schmekkende, diätetisch ungünstige oder gar giftige Substanzen bei den

Kulturpflanzen nicht mehr oder doch wenigstens nicht mehr in allzu großer Menge vorhanden. Wenn auch die Frucht von Wildkürbissen bitter schmeckt, sind doch die Kulturformen frei von Bitterstoffen, und nur bei unserer Gurke erinnert die Neigung der Frucht, bei schlechter Wasserversorgung bitter zu werden, noch an den unangenehmen Geschmack der Vorfahren. Unser Kopfsalat besitzt nur noch ganz geringe Mengen an Bitterstoffen, Spuren, die gerade noch ausreichen, um der Pflanze einen angenehm pikanten Geschmack zu verleihen, während die Kompaßpflanze, *Lactuca serriola*, von der er sich vermutlich herleitet, unangenehm bitter ist.

Vielfach hängt der Grad, in dem unangenehme Inhaltsstoffe der Pflanze durch die Züchtung beseitigt worden sind, davon ab, welchem besonderen Zweck die betreffenden Formen dienen sollen. Ein schönes Beispiel gibt uns die Mangoldrübe, *Beta vulgaris*. Hier besitzt die Wildrübe, *Beta maritima*, den höchsten Gehalt an Stoffen wie Saponin und Betain, die einen unangenehmen, bitteren und kratzigen Geschmack verursachen. Die Zuckerrübe, die für die Gewinnung des Rohrzuckers in den Zuckerfabriken angebaut wird und bei der deshalb keine Auslese auf eine Verbesserung des Geschmacks vorgenommen wurde, enthält gleichfalls noch große Mengen dieser unerwünschten Substanzen. Die verschiedenen Futterrübensorten haben bereits sehr viel weniger davon, und die nur für den menschlichen Genuß gezüchteten Roten Rüben können wir bereits als verhältnismäßig arm an unerwünschten Geschmacksstoffen bezeichnen.

Auch richtige Giftstoffe sind vom Menschen im Laufe der Zeit aus seinen Kulturen beseitigt worden. Dies ist z. B. bei einigen wichtigen tropischen Kulturpflanzen, beim Wurzelmaniok, bei verschiedenen Yamsarten und bei der Mondbohne der Fall, die ein blausäurehaltiges Glykosid bzw. ein giftiges Alkaloid enthalten. Der Gehalt an derartigen Substanzen macht die Pflanze ohne vorherige Entgiftung für den menschlichen Genuß ungeeignet. Da die Beseitigung dieser Giftstoffe aber eine erhebliche zusätzliche Arbeit erfordert, hat der Mensch im Laufe der Zeit bei diesen ihm wertvollen Pflanzen Formen ausgelesen, welche diese Substanzen nicht oder doch wenigstens in stark verminderter Menge enthalten. Auch die Giftstoffe sind jedoch aus der Pflanze nur dort durch Auslese fortgeschafft worden, wo sie dem Menschen bei der Bereitung der Nahrung hinderlich waren. Die Rizinuspflanze enthält in ihren Samen ein tödlich wirkendes Gift, das Rizinin. Dieser Giftstoff geht beim Pressen der Samen nicht in das Öl über, das infolgedessen völlig unschädlich ist.

Da die Rizinuspflanze nur um des Öles willen angebaut wird — dieses wird in Ostasien als Speiseöl gebraucht — hat es der Mensch bisher nicht für nötig gehalten, eine ungiftige Rizinussorte zu züchten. Ganz ähnlich liegen die Dinge beim indischen Senf, *Brassica juncea*, der bei uns gelegentlich auch als rumänischer oder äthiopischer Raps in den Handel kommt. Die Samen dieser Art enthalten große Mengen an giftigen schwefelhaltigen ätherischen Ölen, wie Allyl- und Krotonylsenföl, die beim Pressen nur in geringen Mengen in das fette Öl übergehen und sich dazu noch leicht aus diesem entfernen lassen. Infolgedessen erschien die Züchtung giftfreier Sorten von Sareptasenf bisher nicht besonders wichtig, und so kommt es, daß der Gehalt dieser Pflanze an den beiden Senfölen so groß ist, daß wir die beim Pressen des fetten Öls anfallenden Ölkuchen nicht an unsere Haustiere verfüttern dürfen.

Der unangenehme Geschmack oder der Giftgehalt, die dem Menschen bei seinen Nahrungspflanzen so unwillkommen sind, bedeuten in der Natur für die Pflanze einen Schutz gegen zahlreiche Feinde. Man kann dies leicht dort sehen, wo die alkaloidhaltige bittere Lupine neben der bitterstoffarmen Süßlupine angebaut wird. Wenn diese Felder vom Wild besucht werden, so kann man sicher sein, daß auf den Süßlupinenflächen beträchtliche Schäden durch Wildfraß entstehen, während auf den benachbarten Schlägen mit bitteren Lupinen keinerlei Fraßspuren zu beobachten sind. Die Beseitigung von unangenehmen Geschmacksstoffen und Giften beraubt also die Pflanze häufig eines natürlichen Schutzmittels gegen eine Reihe tierischer Schädlinge; sie ist so wohl für die Bedürfnisse des Menschen besser geeignet, dem Daseinskampf in der Natur jedoch weit weniger gewachsen.

Verlust mechanischer Schutzmittel bei der Kulturpflanze

Die Wildpflanze sucht sich ihrer Feinde nicht nur mit chemischen Mitteln zu erwehren, sie hat auch eine Reihe mechanischer Waffen zur Verfügung, die ihr die Abwehr unerwünschter Besucher ermöglichen. Die Schlehen starren bekanntlich von zahlreichen kräftigen Dornen, welche das Eindringen in den Busch verwehren, die Wildformen der Äpfel-, Birnen- und Quittenbäume, der Zitronen- und Orangenbäume haben gleichfalls mehr oder weniger stark entwickelte Dornen. Mit scharfen stacheligen Auswüchsen sind auch die Früchte des Wildspinats sowie mancher primitiver Spinatsorten versehen, während die gut durchgezüchteten Kultursorten abgerundete Früchte zeigen (Abb. 16). Der Schutz, den die Umhüllung mit derben Spelzen und das Vorhandensein der Grannen den Früchtchen der Wildgetreidearten sowie mancher Kulturformen geben, wurde bereits erwähnt. Mit starken Stacheln bewehrte Früchte besitzen sowohl die Rizinuspflanze wie die meisten Stechapfelsorten. Da diese stacheligen Früchte schwer zu ernten sind, hat man in neuester Zeit bei beiden Arten stachellose Formen ausgelesen und verwendet nur noch diese für den Anbau dieser wertvollen Arzneipflanzen. Sehr unangenehm sind die zahlreichen derben Stacheln auch bei unseren Brombeersorten. Die Pflanzenzüchtung hat auch hier dafür gesorgt, daß dieses lästige Wildpflanzenmerkmal zu verschwinden beginnt: wir kennen heute bereits stachellose Brombeersorten.

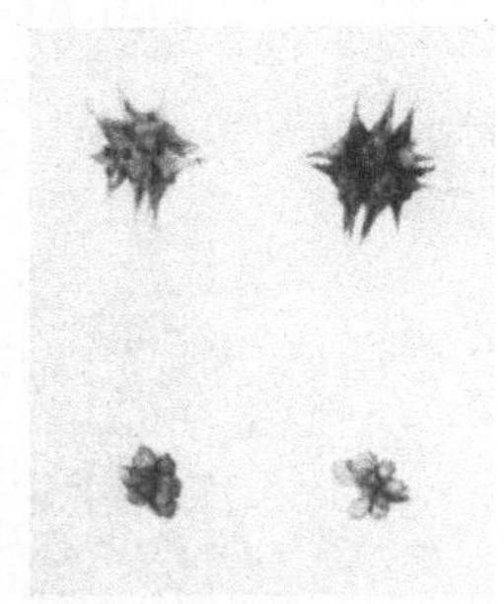

Abb. 16.
Bestachelte Fruchtknäule des Wildspinats, *Spinacia tetranda* (obere Reihe) und stachellose Knäule beim Kulturspinat *(Spinacia oleracea)*

Das Verschwinden des Keimverzugs bei der Kulturpflanze

Wenn wir Samen einer Wildpflanze aussäen, so werden wir feststellen, daß nur ein bestimmter, häufig sogar ein recht niederer Prozentsatz der ausgelegten Samen gleich nach der Saat aufläuft. Diese Erscheinung, die wir als Keimverzug bezeichnen, kann auf der Anwesenheit von keimungshemmenden Stoffen in den Samen und Früchten beruhen, die erst allmählich herausgelöst oder abgebaut werden müssen, damit die Keimung eintreten kann. In anderen Fällen ist die Keimungshemmung durch die Dicke und Undurchdringbarkeit der Samenschale oder der Fruchtwandung bedingt, welche dem Wasser solange den Zutritt zu dem Keimling verwehrt, bis mechanische Beschädigung oder aber die Einwirkung von Kleinlebewesen die schützende Hülle durchlässig gemacht haben.

Ein solcher Keimverzug ist für eine Wildpflanze überaus nützlich, sichert er doch in der Natur die Erhaltung der Arten. Würden nämlich alle Samen, die in die Erde gelangen, sofort keimen, so könnten Unbilden der Witterung die gesamte Nachkommenschaft einer Pflanze, ja vieler oder sogar aller Pflanzen einer Art in einem größeren Gebiet ausrotten. Vor dieser Gefahr wird die Pflanze durch den Keimverzug bewahrt. Bei der Kulturpflanze ist dieses Merkmal jedoch unerwünscht. Denn hier bedeutet ein Keimverzug einmal, daß man beim Anbau der betreffenden Art unnötig viel Saatgut verbraucht. Zum anderen aber führt das verzögerte Auflaufen der Samen dazu, daß in späteren Jahren die immer noch keimenden Reste des Saatgutes ständig die neuen Kulturen als „Unkraut" verunreinigen.

Unsere Kulturpflanzen haben dieses Merkmal des Keimverzugs längst abgelegt, bei ihnen gehen die Keimlinge sämtlich gleich nach der Aussaat auf. Der Mensch hat dadurch, daß er für die neue Aussaat stets nur Saatgut verwendete, das er von Pflanzen erhalten hatte, welche in einem Jahr ausgesät und geerntet worden waren, allmählich die Erblinien, die zu Keimverzug neigen, ausgemerzt.

Gleichzeitiges Reifen — ein Kulturpflanzenmerkmal

Wie sich das Auflaufen der Samen bei der Wildpflanze häufig über eine längere Zeit hinzieht, so erstreckt sich bei dieser auch ein anderer wichtiger Vorgang im Leben der Pflanze, das Reifen der Früchte und Samen über einen längeren Zeitabschnitt. Diese lange Dauer der Reifezeit ist eine Eigentümlichkeit, die für die Erhaltung der Art in der Natur nützlich ist, denn auf diese Weise wird die Gefahr, daß durch ungünstiges Wetter unmittelbar nach dem Aufgang die ganze neue Generation vernichtet wird, gleichfalls erheblich eingeschränkt.

Abb. 17. Während bei Erbsensorten bisher die Blüten über einen großen Teil der Pflanze verteilt waren und die Früchte zu sehr verschiedenen Zeiten zum Reifen kamen, sind bei einer neuen Zuchtsorte die Blüten und Früchte in großen Büscheln an der Spitze der Pflanze vereinigt. Sie kommen gleichzeitig in das Stadium der Pflückreife und sind sehr viel leichter und schneller zu ernten, ein sehr großer Vorteil besonders für den Feldanbau von Gemüseerbsen! (Nach A. Scheibe)

Dem Menschen freilich wäre bei seinen Kulturformen eine solche, über längere Zeit sich erstreckende Reifung sehr lästig, weil sie ein wiederholtes Abernten der gerade reifen Früchte und Samen erfordern würde. Er hat darum bei seinen Kulturpflanzen solche Typen bevorzugt, bei denen alle Pflanzen und auch alle einzelnen Fruchtstände und Früchte annähernd zur gleichen Zeit den für die Ernte erforderlichen Reifungsgrad erreichen (Abb. 17).

Unterschiedliche Lebensdauer bei Wild- und Kulturpflanzen

Zu den Merkmalen, die der Mensch bei der Schaffung der Kulturpflanzen umgestaltet hat, gehört nicht selten auch die Lebensdauer. In vielen Fällen ist diese bei den Kulturformen wesentlich kürzer als bei deren wilden Ausgangsformen. Der Wildroggen z. B. ist im Gegensatz zu dem einjährigen überwinternden Kulturroggen eine ausdauernde Staude. Aber auch dort, wo bereits die Wildarten einjährige Pflanzen sind, läßt sich häufig genug feststellen, daß sie längere Zeit vom Aufgang bis zur Fruchtreife benötigen als die von ihnen abstammenden Kulturpflanzen. So berichtet BRÜCHER, daß die Wildbohne, *Phaseolus aborigineus*, sehr viel mehr Zeit braucht, um ihre Entwicklung zu vollenden, als ihr Abkömmling, die Gartenbohne, *Phaseolus vulgaris*. Diese Verkürzung der Entwicklungszeit ist für eine ganze Reihe von Kulturpflanzen bezeichnend. Dem Menschen liegt daran, daß die Kulturpflanzen die Leistungen, die er von ihnen erwartet, in einer möglichst kurzen Frist vollbringen. Je geringer nämlich die Lebensdauer der Pflanze ist, umso mehr nimmt auch die Gefährdung der Ernte durch pflanzliche und tierische Schädlinge und durch Unbilden der Witterung ab, die Erträge werden damit sicherer. Daher bemüht man sich heute zum Beispiel, kurzlebige Hafersorten zu züchten, um diese vor dem Befall durch die Fritfliege zu schützen.

Ferner räumt eine schnellebige Sorte den Acker frühzeitig. Sie erlaubt daher die rechtzeitige Einsaat von Wintergetreide oder den Anbau von Zwischenfrüchten, die in der Zeit zwischen Getreideernte und erstem Frost noch eine zusätzliche Ernte erbringen. Alle diese Vorteile haben dazu geführt, daß heute schnelle Entwicklung und Frühreife wesentliche Merkmale zahlreicher Kulturpflanzen sind.

Nicht immer tritt jedoch bei den Kulturpflanzen eine Verkürzung der Lebensdauer ein. Im Gegenteil, zuweilen verlängert sich bei ihnen die Zeit von der Aussaat zur Samenernte sehr beträchtlich. Verschiedene Arten, die als Gemüse genutzt werden, sind zweijährig, sie bilden im ersten Jahr nur Blätter, Knollen oder verdickte Wurzeln und kommen erst im zweiten Jahr zum Blühen, während die entsprechenden Wildarten entweder einjährig sind oder aber sowohl als einjährige wie als zweijährige Formen vorkommen. Der Übergang zur Zweijährigkeit beruht darauf, daß bei diesen Gemüsearten die Verlängerung der Lebenszeit für die Nutzung durch den Menschen sehr vorteilhaft ist. Bei allen Pflanzen, bei denen Blätter, Knollen oder Wurzeln verzehrt werden, muß die Ausbildung dieser Teile umso üppiger sein, je mehr Zeit ihnen für die Entwicklung zur Verfügung steht. Der Hederich etwa ist eine einjährige Pflanze, er vollendet seinen ganzen Lebensablauf vom Aufgang bis zum Blühen und zur Samenreife in einer Vegetationsperiode. Alle organischen Stoffe, die gebildet werden, müssen daher sogleich wieder verwendet werden, um den Sproß mit seinen Seitenästen, den Blütenstand und endlich die Früchte mit den ölreichen Samen aufzubauen, sie müssen also vorzugsweise der Fortpflanzung, der Sicherung der Arterhaltung dienen. Der wahrscheinlich vom Hederich abstammende Rettich ist zweijährig. Im ersten Jahr entwickelt er nur reichlich Blätter und eine große verdickte Wurzel, erst im zweiten Jahr kommt er zum Blühen und Fruchten. Der Rettich ist infolgedessen imstande, alle Nährstoffe, die er im ganzen Jahr bildet, in seinen Speicherorganen, den Wurzeln, anzusammeln. Diese erreichen infolge der großen Menge der zur Verfügung stehenden organischen Substanzen eine sehr erhebliche Größe und besitzen auch einen guten Nährwert. Beim Hederich aber werden, wie gesagt, die vorhandenen Nährstoffe zu einem großen Teil in die Blütenregion abgeleitet, die Wurzel ist daher unverdickt, holzig, arm an Nährstoffen und für den Genuß nicht geeignet. (vgl. auch Abb. 18.)

Nun gibt es jedoch noch andere Rettichformen, bei denen nicht die Wurzeln sondern die Früchte und die Samen genutzt werden, den Schlangen- und den Ölrettich. Beim Schlangenrettich werden die unreifen fleischigen Früchte, die 40—100 cm lang werden, als Gemüse verspeist, der Ölrettich aber wird um seiner Samen willen angebaut, aus denen Speiseöl gewonnen wird. In beiden Fällen sind die genutzten Pflanzenteile Organe, die der Fortpflanzung dienen. Hier wäre es zweckwidrig gewesen, Pflanzen mit verlängerter Lebensdauer auszulegen, im Gegenteil, ähnlich wie bei den Getreidearten oder bei der Gartenbohne mußten Formen mit rascher Entwicklung vorteilhaft sein, weil dann die Ernte rasch und sicher erfolgen konnte. Beide Kulturformen, sowohl der Ölrettich wie auch der Schlangenrettich sind daher einjährige Pflanzen mit kurzer Entwicklungsdauer, die eine unverdickte, zähe und holzige Wurzel besitzen.

Veränderung der Wurzelform bei Kulturpflanzen

Wie soeben erwähnt, haben Pflanzen, deren Wurzeln als Gemüse, als Viehfutter oder — wie dies bei der Zuckerrübe oder der Wurzelzichorie der Fall ist — von der Industrie genutzt werden, zarte, fleischige und nährstoffreiche Wurzeln, während die Ursprungsarten dieser Formen zähe, trockene und dünne Wurzeln besitzen. Dies ist nun nicht der einzige Unterschied, den wir hier zwischen Wildform und Kulturpflanze beobachten können. Bei allen alten Kulturformen, die wir um ihrer Wurzeln willen anbauen, wie bei den Mangoldrüben, den Kohlrüben, der Wurzelzichorie, der Möhre, der Wurzelpetersilie und der Pastinake sind die Wurzeln in der Regel ungeteilt, verhältnismäßig kurz und daher leicht zu ernten. Bei den Wildformen verzweigt sich die sehr lange Wurzel zumeist in mehrere große Seitenwurzeln, sie ist „beinig". Solche „beinigen" Wurzeln sind für

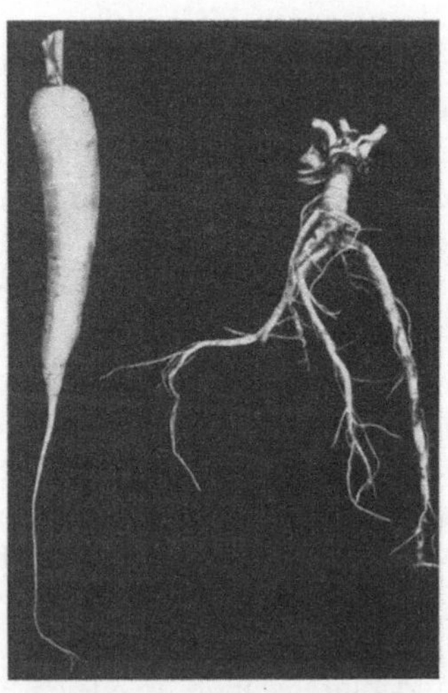

Abb. 18. Wurzel der Wildform (rechts) und einer Kultursorte der Möhre, *Daucus carota*

die Wildpflanze sehr nützlich, weil sie durch die Verästelung der Wurzeln sehr viel besser im Boden verankert ist als dies bei den Kulturpflanzen mit ihren ungeteilten, glatten und häufig recht kurzen Wurzeln der Fall ist (Abb. 18).

Es ist nun wieder sehr bezeichnend, daß wir glatte, dicke und kurze Wurzeln nur bei solchen Kulturformen finden, bei denen die Wurzel selbst der Ernährung des Menschen oder seiner Haustiere dienen, bei denen also die Form der Wurzel wichtig ist. Bei Sorten der gleichen Art, bei denen nicht die Wurzel sondern das Blatt genutzt wird, sind beinige Pflanzen dagegen recht häufig. Bei der Wurzelpetersilie, der Wurzelzichorie, bei der Zucker- und der Futterrübe sind die Wurzeln glatt und ungeteilt, bei der Schnittpetersilie, beim Chicoree und beim Mangold (Abb. 20) finden wir dagegen häufig lange und verhältnismäßig dünne, stark verzweigte Wurzeln. Der Mensch hat also auch hier die Wildpflanzenmerkmale nur dort beseitigt, wo sie ihm bei der Ernte oder beim Genuß unerwünscht waren.

Die Veränderung der Blüten bei unseren Zierpflanzen

Unter den Kulturpflanzen nehmen die Ziergewächse unserer Gärten und Parks eine Sonderstellung ein. Sie sind wohl Kulturpflanzen aber nicht eigentlich Nutzpflanzen. Ihr Wert für den Menschen ist ausschließlich ideeller Art. Sie erfreuen uns durch die Mannigfaltigkeit, die Größe und Form, durch die Farbe und den Duft ihrer Blüten.

Auch diese nur um ihrer Schönheit willen angebauten Gewächse haben sich im Laufe der Zeit stark verändert. Der Mensch hat wohl von vornherein nur solche Arten in Kultur genommen, die ihm schon als Wildpflanzen durch die Schönheit, Färbung und Größe ihrer Blüten aufgefallen sind. Diese bereits vorhandenen günstigen Anlagen sind jedoch in der Kultur weiter entwickelt und vervollkommnet worden. Daher unterscheiden sich auch bei den Zierpflanzen die Kulturformen recht bedeutend von den ursprünglichen Wildarten. Sie besitzen zumeist wesentlich größere Blüten und Blütenstände, in vielen Fällen sind diese dazu noch gefüllt, das heißt, die bunt gefärbten Teile der Blüte oder des Blütenstandes, die den sogenannten Schauapparat bilden, sind stark vermehrt.

Diese „Füllung" der Blüten kann so weit gehen, daß die betreffenden Pflanzen nicht mehr fähig sind, sich durch Samen fortzupflanzen. Dort, wo es möglich ist, die betreffenden Pflanzen durch Stecklinge oder durch Pfropfung ungeschlechtlich zu vermehren, kann diese Unfruchtbarkeit dann leicht den Wert dieser Formen als Zierpflanzen erhöhen. Die Befruchtung führt nämlich in der Regel dazu, daß die Blütenblätter rasch verwelken und abfallen. Bei unfruchtbaren Blüten aber bleiben die Blütenblätter länger an den Blüten sitzen, die Blütezeit der Einzelblüte ist beträchtlich verlängert. Dazu kommt noch, daß Pflanzen mit unfruchtbaren Blüten keine organische Substanz für den Aufbau von Früchten und Samen verbrauchen, die Pflanze kann hier alle ihr zur Verfügung stehenden Stoffe für die Blütenproduktion verwenden, ihr Blütenreichtum ist daher wesentlich größer und das Blühen zieht sich über eine ganz erheblich längere Zeit hin als bei Pflanzen mit fruchtbaren Blüten.

Die Vermehrung der Blütenzahl (vgl. Abb. 3) und die Verlängerung der Blühzeit der Einzelblüten, der Blütenstände und

Abb. 19. Rittersporn. Blütenstand einer Wildart, *Delphinium flexuosum* (links) und einer Kultursorte des Gartenrittersporn, *D. cultorum*. Die kleinen Blütenblätter der Wildart fallen unmittelbar nach der Befruchtung der Samenanlagen ab, bei der Kulturform sitzen die Blütenblätter noch frisch und leuchtend an der Blüte, wenn die Früchte bereits ihre volle Größe erlangt haben

der gesamten Pflanze sind überhaupt sehr wichtige Merkmale, in denen sich Wildarten und wirkliche Kulturformen auch bei unseren fruchtbaren Zierpflanzen sehr deutlich unterscheiden. Während bei Wildpflanzen die Einzelblüten schnell verblühen und die Blütenblätter unmittelbar nach der Befruchtung abfallen, der Blütenstand daher nach kurzer Zeit einen recht unansehnlichen Eindruck macht, sind bei unseren Kulturformen erbliche Typen ausgelesen worden, bei denen die Blütenblätter auch nach vollzogener Befruchtung noch verhältnismäßig lange an der Blüte sitzen bleiben (Abb. 19), so daß die Blütenstände lange Zeit hindurch einen ansehnlichen Anblick bieten.

Verändert ist bei unseren Zierpflanzen vor allem die Farbenfreudigkeit und die Farbenfülle der Blüten. Wildarten zeigen gewöhnlich nur eine einzige Blütenfarbe, und nur selten deuten etwa weißblütige Varianten bei blau- oder rotblumigen Arten oder aber rotblütige Sippen bei weißblütigen Formen die in den Pflanzen steckende Fähigkeit zur Hervorbringung der verschiedenartigsten Farbtöne an. Doch was bedeuten schon diese geringen Abweichungen in der Blütenfärbung, die wir gelegentlich in der Natur beobachten können, wenn wir damit die Farbenfülle unserer Gartenzierpflanzen vergleichen, etwa die zahllosen Farbvarianten der Löwenmäulchen, der Gartenprimeln, der Stiefmütterchen, der Rosen oder gar der Dahlien!

Zu der Mannigfaltigkeit der Färbung kommt häufig noch eine verwirrende Zahl der verschiedenartigsten Zeichungsmuster und eine große Variabilität in der Blütenform. Damit aber ist die Zahl der verschiedenartigen Bildungen bei unseren Zierpflanzen noch keineswegs erschöpft. Wir kennen Sortenunterschiede in der Wuchsform von teppichbildenden Zwergsorten bis zu hochwüchsigen Riesenpflanzen, und es gibt endlich auch sehr beträchtliche Unterschiede in der Entwicklungsgeschwindigkeit von schnellwüchsigen Treibformen über frühe und mittelfrühe bis zu Spätsorten. Aus in sich recht einheitlichen Wildarten sind so durch Verbesserung des Schmuckwertes der Blüten und durch eine erstaunliche Zunahme der Formenfülle alle die formen- und farbenreichen Kulturpflanzen hervorgegangen, die wir als Gartenzierpflanzen zu bezeichnen pflegen.

Die Formenmannigfaltigkeit der Kulturpflanzen

Diese größere Formenmannigfaltigkeit ist überhaupt eine sehr wichtige Eigenheit, in der sich die Kulturpflanzen von ihren wilden Stammeltern unterscheiden. Die Wildarten sind stets recht einheitlich sowohl im Aufbau ihrer Organe wie auch in ihren Leistungen. Eine größere Anzahl von Pflanzen der wilden Möhre zeigt stets in allen wesentlichen Merkmalen größte Ähnlichkeit miteinander. Welch eine Fülle verschiedenster Formen findet man dagegen bei den Kulturmöhren! Hier sind in Form und Größe alle Übergangsstufen von kugelförmigen kleinen Karotten bis zu den riesigen Rüben unserer Futtermöhren vorhanden. Ähnlich groß sind die Schwankungen in der Färbung der Rüben, im Gehalt an ätherischen Ölen, Zuckern und Vitaminen.

Das klassische Beispiel für die Zunahme der Formenmannigfaltigkeit bei unseren Kulturpflanzen aber bietet uns der Gartenkohl. Seine Ausgangsform, der an den Küsten des Atlantik und des Mittelmeeres verbreitete Wildkohl, ist eine Pflanze mit einfachen Blättern, die denen des Rapses, der ja mit dem Kohl nahe verwandt ist, weitgehend ähneln. Aus dieser Wildform haben sich durch Verlust eines großen Teils der Senföle, die den Geschmack stark beeinträchtigen, sowie durch Vermehrung der Zahl und Zunahme der Zartheit der Blätter einfache Gemüsekohle gebildet, von denen schon in der Antike verschiedene Sorten bekannt waren. Durch Kräuselung der Blätter sind aus diesen Blattkohlen dann unsere verschiedenen Krauskohlsorten hervorgegangen, Vergrößerung und noch weitere Vermehrung der Blätter hat zur Entstehung blattreicher Futterkohle geführt. Durch Fleischigwerden und Einrollen der Blätter zu einem Kopf sind die Kopfkohle entstanden, der Weißkohl mit glatten, im Inneren des Kopfes fast weißen Blättern, der Rotkohl mit ebenfalls glatten, aber durch den im Zellsaft enthaltenen Farbstoff Anthozyan rotgefärbten, und endlich der Wirsing mit grünen, im Inneren des Kopfes gelblichen oder weißen gekräuselten Blättern.

Die Erkenntnis, daß Kopfkohl sehr viel weniger Provitamin A, Chlorophyll und Eiweiß enthält als Blattkohl, hat jetzt in den USA zur Züchtung eines Blattkohls mit fleischigen grünen Blättern geführt.

Blattkohle, deren Blätter besonders auffällig geschlitzt, zerfranst und gekräuselt waren und die dazu noch eine auffallende Scheckung zeigten, wurden lange Zeit hindurch als Zierformen in Gärten und Parks angebaut.

Jedoch nicht nur die Blätter werden beim Gartenkohl umgebildet, auch der Sproß kann hier erhebliche Veränderungen erfahren. Durch Verdickung und Verkürzung des Sprosses entsteht der Kohlrabi. Wenn sich der Sproß streckt und gleichzeitig fleischig wird, erhalten wir den als Futterpflanze beliebten Markstammkohl. Ferner können die in den Blattachseln sitzenden Sproßanlagen auswachsen und kleine Köpfchen bilden; auf diese Weise entsteht der Rosenkohl.

Schließlich kann auch der Blütenstand des Kohls von der Neigung zur Umbildung erfaßt werden. Er wird fleischig, und wir haben in diesem Falle, wenn diese Gebilde noch verhältnismäßig locker sind, den Broccoli, wenn sie fest und geschlossen sind, den Blumenkohl vor uns.

Es scheint, daß der einzige Pflanzenteil, der beim Kohl in der Kultur keine Veränderung erfahren hat, die Wurzel ist. Doch diese Annahme ist trügerisch, Formen mit verdickten Wurzeln, wie wir sie von den verwandten Steckrüben oder von den Wasserrüben her kennen, sind auch beim Kohl gefunden worden, man hat diesen Wurzelkohl nur nicht in Kultur genommen. Das Gleiche ist der Fall bei einer Abart des Broccoli, bei der die fleischigen Blütenstände ähnlich wie die Röschen beim Rosenkohl in den Achseln der Laubblätter standen.

Andere einstmals angebaute Spielarten des Kulturkohls, wie etwa der von den Römern geschätzte Spargelkohl, von dem nur die gebleichten Sprosse genossen wurden, oder der vielköpfige Kohl sind heute nicht mehr vorhanden, ohne daß wir sagen könnten, warum gerade sie aus der Reihe der Kulturpflanzen verschwunden sind.

Zu dieser ungewöhnlich großen Fülle verschiedenartigster Formen gesellen sich beim Kohl auch noch Abweichungen in zahlreichen anderen Eigenschaften Wir kennen Winterkohle, überwinternde Sorten, Treibsorten, frühe und späte Kohle, wir wissen von Unterschieden in der Form, der Größe, dem inneren Bau der Köpfe, im Geschmack und in der Lagerfähigkeit, im Vitamin- und Senfölgehalt und zahlreichen anderen wichtigen Merkmalen. Dies alles zusammengenommen führt dazu, daß die Formenmannigfaltigkeit bei unserem Gartenkohl geradezu unübersehbar wird.

Ähnlich verhalten sich nun auch alle anderen Kulturpflanzen. Stets steht eine überwältigende Mannigfaltigkeit bei den Kulturformen einer ausgesprochenen Eintönigkeit bei den Wildarten gegenüber. (Abb. 20, vgl. auch Abb. 42).

Es ist nun jedoch keineswegs so, daß diese Formenfülle sich in allen Teilen der Kulturpflanze offenbarte. Es sind vielmehr nur die jeweils vom Menschen genützten Teile der Pflanze, die diese starke Veränderlichkeit zeigen. Wie stark auch die verschiedenen Kohlsorten voneinander in den Organen abweichen mögen, um derentwillen sie vom Menschen kultiviert werden, im Bau der Blüten, Früchte und Samen lassen sie sich nicht voneinander unterscheiden.

Unsere Zierpflanzen wiederum zeigen eine fast unübersehbare Vielfältigkeit im Bau und in der Färbung der Blüten. In den

Abb. 20. Die wichtigsten Formen der Mangoldrübe. Von links nach rechts: Wildrübe, *Beta maritima; Beta vulgaris:* Mangold, Zuckerrübe, Futterrübe. (Nach G. BECKER)

übrigen Merkmalen unterscheiden sich die Sorten aber nur wenig oder gar nicht. So sehr z. B. die Blüten bei den einzelnen Zuchtlinien des Löwenmäulchens oder der Dahlie in Form und Farbe variieren mögen (vgl. Abb. 42), so gleichartig ist bei den verschiedensten Sorten der Aufbau der Sprosse, die Form der Blätter und der Samen.

Es gibt nun andererseits aber wohl kaum einen Teil der Pflanze, der nicht bei irgendeiner Art als brauchbar erkannt und vom Menschen verbessert worden wäre. Bei Obstarten und Getreide nützt der Mensch die reifen Früchte, bei anderen Arten, den Hülsenfrüchtlern und den Ölfrüchten, die reifen Samen. In anderen Fällen — wie bei den Bohnen und den Gemüseerbsen — sind ihm die unreifen Früchte und Samen besonders wertvoll. Vom Blumenkohl werden die Blütenstände, von der Artischocke die Blütenstandsböden verspeist, andere Blüten dienen der Gewinnung von ätherischen Ölen, wieder andere haben ausschließlich die Aufgabe, schön zu sein. In zahlreichen Fällen werden die Blätter für die Ernährung gebraucht, so bei den verschiedenen Salat-, Spinat-, und Blattgemüsearten; in manchen Fällen, so bei der Gartenkresse, werden sogar nur die zarten Keimblätter genossen. Vielfach sind es die fleischig gewordenen Wurzeln, die vom Menschen als Nahrung genutzt werden, in anderen Fällen — wie beim Kohlrabi und beim Porree — ist es der angeschwollene zarte oberirdische, oder — wie bei der Zwiebel — der verkürzte unterirdische Sproß mit den fleischigen Blättern, der von uns verwendet wird. Verdickte Teile des unterirdischen Wurzelstocks sind die Knollen der Kartoffel und des Topinambur. Beim Lein und beim Hanf sind es die Fasern des Sprosses, beim Sisal die Blattfasern, bei der Baumwolle und beim Kapok die langen Samenhaare, um deren willen diese Pflanzen angebaut werden. Aus dem Inhalt der Milchröhren verschiedener Wolfsmilchgewächse wird der Naturkautschuk, aus den Harzgängen der verschiedenen Nadelhölzer wird Terpentinöl, Zedernholzöl, Kanadabalsam und Perubalsam gewonnen. Kurz, es gibt wohl kein Organ der Pflanze, das sich der Mensch nicht nutzbar gemacht und das er dann im Laufe der Zeit nicht so umgestaltet hätte, daß dieser Nutzen für ihn möglichst groß ist.

Das Gesetz der homologen Reihen

Immer wieder können wir bei unseren Kulturpflanzen beobachten, daß bei verschiedenen Arten, die dazu noch verwandtschaftlich sehr weit voneinander entfernt sein können, sehr ähnliche Bildungen auftreten. CHARLES DARWIN bezeichnete diese Erscheinung als „Parallelvariation", während der bekannte russische Forscher VAVILOV hier von einem „Gesetz der homologen Reihen" sprach.

Wir alle kennen zahlreiche derartige Parallelvariationen und wollen uns heute nur einige wenige davon ins Gedächtnis zurückrufen. So tritt Kopfbildung sowohl beim Kohl wie beim Salat auf. Kräuselung der Blätter ist uns von Kohl, Salat, Endivie, Kresse, Petersilie und Sellerie her bekannt. Fleischige Wurzeln, Blattstiele und Sprosse finden sich bei Pflanzen, die zu sehr verschiedenen Familien gehören.

Eine besonders bemerkenswerte und weitverbreitete Form der Parallelvariation ist endlich die „Füllung" der Blüten bei zahlreichen unserer Zierpflanzen. Diese kann auf sehr verschiedene Weise erfolgen: durch Teilung der ursprünglichen Blütenblätter, durch Umwandlung der Staubgefäße und der Fruchtblätter in blumenblattähnliche Gebilde, durch Verdoppelung des Blumenblattkreises oder durch Verwandlung der Kelchblätter in stark vergrößerte, den Blumenblättern ähnliche und so wie diese gefärbte Gebilde. „Gefüllte" Blütenstände entstehen durch Umbildung der unscheinbaren fruchtbaren Blütchen der Mitte des

Blütenstandes in große kräftig gefärbte Zungen- oder Röhrenblüten (vgl. Abb. 28 u. 42).

Die Pflanze vermag also auf sehr verschiedene Weise gefüllte Blüten hervorzubringen, und diese Befähigung tritt andererseits bei den
verschiedensten Gruppen der höheren Pflanzen auf. Die Blütenfüllung ist somit ein besonders schönes Beispiel für Parallelvariation.

Abb. 21. Blütenstand und Schließzellen der Spaltöffnungen einer „halbgefüllt"
(links) und einer „ungefüllt" blühenden Pflanze einer Herbstaster. Beide
Pflanzen stammen von der gleichen „gefüllt" blühenden Mutterpflanze. Vergrößerung der Schließzellen ca. 400 mal. (Nach SCHWANITZ)

An ihr läßt sich andererseits aber sehr gut deutlich machen, wie
derartige Parallelvariationen zustandekommen können. Es konnte
nämlich bei einer Reihe von Arten gezeigt werden, daß die gefüllt
blühenden Sorten sämtlich Pflanzen mit Riesenwuchs waren, die
vergrößerte Organe und Zellen besaßen (Abb. 21, vgl. auch
Abb. 28). Dieselbe Veränderung im Bau der Pflanze, der Gigaswuchs, kann somit dazu führen, daß bei Arten aus einander sehr
entfernten Familien, wie etwa den Hahnenfußgewächsen, den
Korbblütlern, den Rosengewächsen und den Kreuzblütlern —
um nur einige der wichtigsten Familien zu nennen — der Schauapparat der Blüten oder der Blütenstände vergrößert wird.

Gefüllte Blüten können, wie wir sahen, unter anderem durch die Umbildung von Staubblättern in Blütenblätter entstehen. Es liegt auf der Hand, daß diese Art der Blütenfüllung nur bei solchen Pflanzen zur Bildung wirklich schön gefüllter Blüten führen kann, die von Natur aus eine große Zahl von Staubblättern besitzen oder die, wie dies bei den Nelken der Fall ist, befähigt sind, die Zahl ihrer Staubgefäße zu vermehren. Eine solche, erblich bedingte Grundlage für die Vermehrung der Zahl der Blütenblätter ist nun in verschiedenen, systematisch weit voneinander entfernten Pflanzengruppen gegeben. So haben wir Blüten mit einer großen Zahl von Staubblättern bei den Hahnenfußgewächsen, bei den Mohnarten, den Rosengewächsen und den Malvengewächsen. In allen diesen Familien finden sich demgemäß auch, ganz unabhängig von irgendwelchen verwandtschaftlichen Beziehungen dieser Pflanzen zueinander, erbliche Formen mit gefüllten Blüten, bei denen die Blütenfüllung auf einer Umwandlung der Staubgefäße in Blütenblätter beruht. Allgemein gefaßt bedeutet dies, daß gewisse Eigenheiten im Bau und in den Funktionen der Pflanze vorhanden sein müssen, damit bestimmte Veränderungen überhaupt eintreten können. Da derartige Voraussetzungen aber auch bei verwandtschaftlich weit voneinander entfernten Arten gegeben sein können, vermögen gleichartige Veränderungen in den Lebensvorgängen oder in der Struktur der Pflanzen bei ganz verschiedenen Arten ähnliche Neubildungen hervorzurufen.

Nun ist die beschriebene Erscheinung wohl eine wichtige, nicht aber die einzige Ursache für das Auftreten von Parallelvariationen. VAVILOV hat bereits hervorgehoben, daß infolge der Abstammung von gemeinsamen Ahnenformen in vielen, wenn nicht gar in allen höheren Pflanzen ein größerer Bestand an gemeinsamen Erbanlagen vorhanden sei. Durch Mutation, das heißt durch erbliche Veränderung dieser gleichartigen Erbanlagen müßten danach also gleichartige Formänderungen auch bei Pflanzen auftreten können, die zu verschiedenen Familien gehören. Die neueren Erkenntnisse über die Biochemie der Gene und der Genwirkung zeigen, daß diese Vorstellung VAVILOVs offenbar richtig ist.

Wildpflanzenmerkmale bei Kulturpflanzen

Dem aufmerksamen Leser wird es nicht entgangen sein, daß in den vorhergehenden Abschnitten wiederholt als typische Wildpflanzenmerkmale solche Eigenschaften bezeichnet werden, die wir heute noch bei zahlreichen Kulturpflanzen antreffen.

So sahen wir oben, daß der Verlust der natürlichen Verbreitungsmittel zum Wesen der Kulturpflanzen gehört. Sehen wir uns aber einmal genauer unter unseren Kulturpflanzen um, so entdecken wir bald, daß in zahlreichen Fällen die Einrichtungen, die der Erhaltung der Arten in der Natur dienen, erhalten geblieben sind. Raps und Rübsen sind zwar recht alte Kulturpflanzen, aber dennoch neigen bei diesen Arten die Schötchen fast aller Zuchtsorten noch heute dazu, bei der Reife aufzuspringen, und selbst der Hafer zeigt, wie erwähnt, eine Neigung zum „Ausfallen". Die Zuchtformen unserer Wiesengräser gar verlieren ihre Früchtchen bei der Reife genau so leicht wie irgendein wildes Gras, und viele unserer Gemüse-, Gewürz- und Gartenzierpflanzen haben noch die Fähigkeit der Wildpflanze bewahrt, ihre Früchte und Samen über einen längeren Zeitabschnitt hin zur Reife zu bringen und die Samen weithin auszustreuen, eine Eigenschaft, die den Züchtern und Vermehrern von Saatgut viel zusätzliche Arbeit und Kosten bereitet. Auch das Abfallen der reifen Früchte unserer Obstarten, von den Äpfeln und Birnen angefangen bis zu den schwarzen Johannisbeeren, das ja zu nicht unerheblichen Verlusten, zu Qualitätsminderung und vorzeitigem Verderben führt, gehört ebenso hierher wie das Aufplatzen der Kirschen und Tomatenfrüchte im Regen.

Mit der Sicherung der Arterhaltung eng verbundene Wildpflanzenmerkmale sind weiterhin der feste Spelzenschluß um die Körner des Spelzweizens und der meisten Gersten- und Hafersorten, ferner die scharfe Begrannung der Gersten- und Roggenähren und endlich die Neigung zur Hartschaligkeit bei den Samen unserer Kleearten und unserer Luzernesorten.

Auch im Hinblick auf den Gehalt an unangenehm schmeckenden oder gar giftigen Stoffen entsprechen heute noch viele Kulturpflanzen keineswegs den Anforderungen, die wir an sie stellen müssen. Einen unerwünscht hohen Gehalt an Bitterstoffen besitzt

z. B. die Salatzichorie, der Chicoré, und auch das Bitterwerden der Gurkenfrüchte bei zu trockener Witterung dürfen wir wohl als Überbleibsel eines solchen Wildpflanzenmerkmals ansehen. Bitterstoffe sind in Hafer- und Gerstenkörnern noch in geringer Menge vorhanden, und auch beim Spinat kann bei heißem trockenem Wetter der Saponingehalt so hoch werden, daß die Blätter einen unangenehm scharfen Geschmack bekommen. Beim Spinat findet sich nicht nur zu viel Saponin, es sind in den Blättern darüber hinaus auch zu viel Oxalsäure-Verbindungen vorhanden. Das Gleiche ist der Fall beim Mangold, bei der Roten Rübe, beim Sauerampfer und beim Rhabarber. Unsere Kohlsorten, die Kohl- und Wasserrüben enthalten zu viel Senföle und dazu — ebenso wie die Hülsenfrüchte — diätetisch ungünstig wirkende Stoffe unbekannter Natur. Selbst Giftstoffe sind in manchen Kulturpflanzen noch enthalten. Im Lein, im Weißklee und im Sudangras sind blausäurehaltige Glykoside enthalten, die beim Verfüttern zum mindesten rhachitisartige Erscheinungen hervorzurufen vermögen. Einen typischen Wildpflanzencharakter haben endlich auch die Früchte der Quitte und der schwarzen Johannisbeere, die bekanntlich nur in gekochtem Zustande genießbar sind.

Ein weiteres recht unangenehmes Wildpflanzenmerkmal bei unseren Rüben sei hier noch kurz erwähnt: die Verwachsung mehrerer Früchte zu einem sogenannten „Knäuel". Bei der Rübe stehen stets mehrere Blüten dicht beieinander am Stengel. Wenn sich aus den Blüten die Früchte entwickeln, verwachsen diese miteinander, und es entstehen so die bekannten Rübenknäuel, bei denen 2 bis 4 Früchte mit je einem Samen fest miteinander vereinigt sind (Abb. 22). Die Samen bleiben bis zur Keimung in den Früchten sitzen. Wo nun ein solches Knäuel in die Erde kommt, läuft jeweils gleich eine ganze Anzahl von Keimpflänzchen dicht beieinander auf.

Diese Besonderheit der „Synaptospermie" oder Verbandfruchtigkeit ist der Wildpflanze in manchen Fällen von großem Nutzen. An sehr trockenen Standorten nämlich scheint es für die Pflanzen günstiger zu sein, wenn sie zu mehreren in einem Horst beisammen stehen, als wenn sie verstreut wachsen. Durch die Verbandfrüchtigkeit aber wird bewirkt, daß stets mehrere Pflanzen dicht beieinander keimen und aufwachsen können.

Für die Kulturpflanze dagegen ist diese Eigentümlichkeit stets unerwünscht, denn für die Entwicklung der Wurzel ist es sehr nachteilig, wenn mehrere Rübenpflanzen dicht beieinander stehen. Wenn man schöne große Wurzelkörper erhalten will, muß man also dafür sorgen, daß in jedem Frühjahr die überflüssigen Pflänzchen beseitigt werden. Da infolge der Verbandfrüchtigkeit die Keimlinge ganz nahe beieinander stehen, ist dies nur mit Hilfe mühsamer und kostspieliger Handarbeit möglich. Man versucht daher heute, diese unerwünschte Bildung durch maschinelles Aufspalten der Knäuel in die Teilfrüchte oder durch Züchtung von „einsamigen" Rüben (Abb. 22) zu beseitigen.

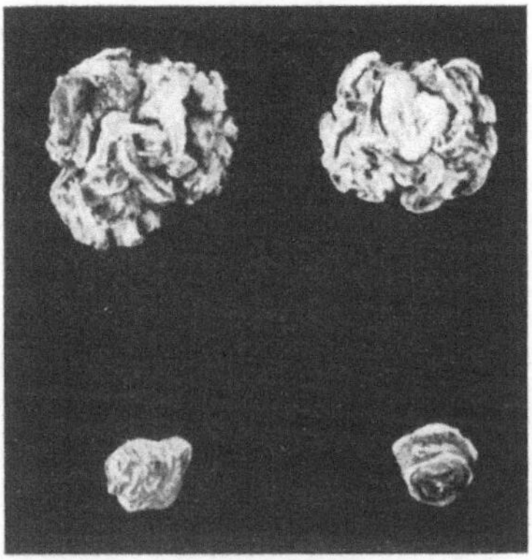

Ein anderes Wildrübenmerkmal bei unseren Zuckerrüben ist der tiefe Sitz der Rübe im Boden, der die Ernte beträchtlich erschwert und bei nassem Wetter zu starker Verschmutzung führt.

Abb. 22. Normale Rübenknäuel, in denen mehrere Früchtchen fest miteinander verbunden sind. Darunter Früchte der einsamigen „Monogermrüben"

Von weiteren Wildpflanzeneigenschaften bei Kulturpflanzen seien schließlich noch erwähnt: die Härte der Blätter bei den Winterendivien, die Hartschaligkeit der Samen unserer Erbsen- und Bohnensorten, die harte Faserschicht auf der Innenseite der Erbsenhülsen, die zu langsame Keimung der Samen von Möhren und Petersilie sowie der zu geringe Blattgehalt vieler unserer Futterpflanzen. Als Wildpflanzenmerkmale dürfen wir endlich auch das Vorhandensein von Samen in den Früchten der meisten Sorten unserer Beerenobstarten sowie bei Schnittblumen das Aufblühen der an einem Stengel sitzenden Blüten zu sehr verschiedener Zeit betrachten, das z. B. bei vielen unserer Nelkensorten dazu führt, daß neben einer Blüte auf dem gleichen Sproß noch eine Anzahl von Knospen in verschiedenen Entwicklungsstadien sitzen, die nach dem Abschneiden nicht mehr zum Aufblühen kommen.

Das Vorhandensein solcher für die Wildpflanze charakteristischen Eigenheiten bei vielen unserer Kulturpflanzen ist die Folge ihrer Abstammung von Wildformen. Die Kulturpflanze ist niemals unmittelbar in vollendeter Form aus einer Wildart entstanden, sie hat sich vielmehr im Laufe sehr langer Zeiträume schrittweise aus dieser entwickelt. Je länger dieser Weg ist, je früher also die Pflanze vom Menschen in Kultur genommen ist oder je intensiver sie züchterisch bearbeitet wurde, umso weniger Wildpflanzenmerkmale werden wir an ihr finden. Je jünger sie aber als Kulturpflanze ist, und je weniger der Mensch sich bisher bemüht hat, sie durch Auslese zu verbessern, in umso stärkerem Ausmaße werden bei der betreffenden Kulturpflanze noch bestimmte Eigenarten der Wildpflanze zutagetreten. Ihr Vorkommen bei unseren Kulturpflanzen ist also ein Zeichen dafür, daß die Pflanze ihre Entwicklung von der Wildart zur Kulturform noch nicht vollständig abgeschlossen hat. Die Beseitigung dieser letzten Überbleibsel der wilden Ursprungsformen bei unseren Kulturpflanzen ist eine wichtige Aufgabe der modernen Pflanzenzüchtung.

2. Die erblichen Grundlagen für die Entstehung der Kulturpflanzen

Der Anteil der Erbmasse und Umwelt an den Leistungen der Kulturpflanzen

Wir können immer wieder beobachten, daß Wildpflanzen, die wir in gute, nährstoffreiche Erde bringen, sich sehr viel üppiger entwickeln als an ihrem natürlichen Standort, und in einer Zeit, in der man noch nichts von den Gesetzmäßigkeiten der Vererbung wußte, glaubte man daraus schließen zu dürfen, daß sich die Wildpflanzen unter der Einwirkung der günstigeren Lebensbedingungen allmählich in Kulturpflanzen verwandelten. So wurde etwa behauptet, daß aus der wilden Mohrrübe bei fortgesetztem Anbau im Garten eine richtige Kulturmöhre entstände. Solche Vorstellungen haben aber einer kritischen Nachprüfung in keinem Falle standhalten können. Der größte Teil der Wildpflanzenmerkmale wird durch die äußeren Verhältnisse, unter denen die Pflanze lebt, in keiner Weise beeinflußt, lediglich das Wachstum, die Größe, der Ertrag der Pflanze hängen auch von den Ernährungs- und Kulturbedingungen ab. Hier haben wir aber die Möglichkeit festzustellen, wieweit diese höheren Ernten, die wir von den Kulturpflanzen erzielen, auf den günstigen Einfluß der Kulturmaßnahmen zurückzuführen sind und wieweit sie auf einer günstigen Veränderung der erblichen Konstitution beruhen.

Wir können nämlich eine Wildpflanze auf Kulturland anbauen und ihre Leistung dort einmal mit den Erträgen der am gleichen Ort angebauten Kulturform, zum anderen mit der Stoffproduktion der Wildart am natürlichen Standort vergleichen. Aus dem Unterschied im Ertrag der wildwachsenden und der angebauten Wildform können wir den Einfluß der ackerbaulichen Maßnahmen ablesen. Andererseits aber gibt uns die verschiedenartige Entwicklung von Wild- und Kulturpflanzen, die unter den gleichen günstigen Verhältnissen gezogen wurden, einen Einblick in die Bedeutung der erblichen Veranlagung für die Leistungsfähigkeit der Kulturpflanze.

Untersuchungen, die auf diese Weise vorgenommen wurden, haben gezeigt, daß dort, wo es sich um junge oder züchterisch noch wenig bearbeitete Kulturformen handelt, wie dies etwa beim Maiglöckchen der Fall ist, der Einfluß der Erbfaktoren hinter dem der Umwelt stark zurücktritt. Bei allen Pflanzen aber, die der Mensch schon lange kultiviert, ist dagegen der Einfluß der erblichen Veranlagung auf die Leistungen der Kulturpflanze sehr groß (vgl. Abb. 1). Die Analyse dieser erblichen Unterschiede zwischen den Wildarten und den von ihnen abstammenden Kulturformen ermöglicht uns einen tieferen Einblick in die Entstehung der Kulturpflanzen und die Gesetzmäßigkeiten, welche dieser Entwicklung zugrundeliegen. Der Vererbungswissenschaft ist es gelungen, in einer ganzen Reihe von Fällen die erblichen Veränderungen klarzulegen, welche die Umwandlung von Wildformen in Kulturpflanzen bewirkt haben.

Entstehung von Kulturpflanzen durch Genmutation

Nach unseren heutigen Erkenntnissen ist die Umwandlung der Wildarten in Kulturpflanzen so erfolgt, daß die erbliche Struktur der Pflanze im Laufe der Zeit weitgehend abgeändert worden ist.

Derartige Veränderungen der Erbmasse bezeichnen wir als Erbänderungen oder Mutationen. Das Erbgefüge eines Lebewesens kann nun auf sehr verschiedenartige Weise umgeformt werden, es gibt also eine Reihe von recht verschiedenartigen Mutationsvorgängen, die alle bei der Entstehung der Kulturpflanzen eine Rolle gespielt haben.

Hier sind zunächst die Genmutationen zu nennen, die erblichen Veränderungen der einzelnen Erbanlagen oder Gene. Sie beruhen vermutlich darauf, daß der innere Bau der Gene, die wir heute als große Moleküle anzusehen pflegen, abgeändert wird. Man bezeichnet solche verschiedenen Zustandsformen des gleichen Gens als Allele. Da aber die Funktion der Erbanlagen durch ihre Struktur bestimmt wird, muß jede Umgestaltung des Gefüges dieser Anlagen auch zu Veränderungen in den Eigenschaften führen, die von diesen Genen abhängig sind.

Derartige Genmutationen treten bei allen Lebewesen ständig in einer bestimmten, in der Regel allerdings geringen Häufigkeit auf (im Mittel etwa zu 0,0005 %). Ein großer Teil der dadurch entstehenden neuen Eigenschaften ist für die Organismen ungünstig und führt jedenfalls in der freien Natur zu deren Ausmerzung. Gelegentlich werden aber durch Genmutation Veränderungen hervorgerufen, die der Erhaltung der Pflanzen und Tiere in der Natur durchaus förderlich sind. Endlich gibt es Mutationen, die wohl die Erhaltungsfähigkeit der Pflanze in der freien Natur herabsetzen mögen, die dem Menschen aber besonders erwünscht sind, weil durch sie gerade die Eigenschaften entstehen, die wir im vorstehenden Abschnitt als die eigentlichen Kulturpflanzenmerkmale kennen gelernt haben.

Durch das gelegentliche Auftreten derartiger günstiger Merkmale infolge von Genmutation und durch die Auslese von Pflanzen mit solchen vorteilhaften Eigenschaften durch den Menschen haben sich bei den angebauten Pflanzenarten im Laufe der Zeit immer mehr wertvolle Eigenschaften angesammelt, und auf diese Weise entstanden aus einer Reihe von Wildarten wichtige Kulturpflanzen. Diese Entwicklung ist zumeist sehr langsam verlaufen, und es hat hunderte, ja zum Teil tausende von Jahren gebraucht, bis aus primitiven Wildformen wirklich hochwertige Kulturpflanzen hervorgegangen sind. Die moderne Pflanzenzüchtung hat uns jedoch Mittel an die Hand gegeben, die es möglich machen, diesen Umbildungsvorgang ganz wesentlich zu beschleunigen und ihn anstatt in Jahrhunderten in wenigen Jahrzehnten ablaufen zu lassen.

Die Lupinenzüchtung als Modell für die Entstehung einer Kulturpflanze

Ein besonders eindrucksvolles Beispiel dafür, wie heute mit Hilfe der Genmutationen eine Wildform in kurzer Zeit in eine Kulturpflanze umgewandelt werden kann, bietet uns die Lupinenzüchtung. Hier hat sich die Entstehung einer Kulturpflanze in den letzten dreißig Jahren unmittelbar unter unseren Augen vollzogen, und wir können daher genau verfolgen, wie durch Genmutation ein Kulturpflanzenmerkmal nach dem anderen auftrat, wie dementsprechend immer mehr Wildpflanzeneigenschaften verschwanden und die Lupine schrittweise immer mehr zur Kulturpflanze wurde. So kann uns die Lupinenzüchtung sozusagen als Modell dienen, an dem wir uns vor Augen führen können, wie einstmals bei unseren alten Kulturpflanzen die Entwicklung von der Wildart zur Kulturform vor sich gegangen ist.

Die drei bei uns angebauten Lupinenarten, die für eine landwirtschaftliche Nutzung in Frage kommen, die weiße *(Lupinus albus)*, die gelbe *(L. luteus)* und die blaue Lupine *(L. angustifolius)* stammen sämtlich aus dem Mittelmeergebiet. Hier wurde die weiße Lupine schon im Altertum angebaut, während die beiden anderen Arten erst in neuester Zeit in Kultur genommen worden sind. Trotz des Anbaues aber konnte man die Lupinenarten, vor allem die gelbe und die blaue Lupine bis in unsere Tage nur als vom Menschen kultivierte Wildarten bezeichnen, denn sie besaßen, wie wir gleich sehen werden, noch zahlreiche Eigenschaften, die sie zur Wildpflanze stempelten.

Die kurze Zeit der Kultur hatte allerdings bereits hingereicht, um bei den Lupinen ein sehr wichtiges Nutzpflanzenmerkmal entstehen zu lassen: die angebauten Lupinen hatten gegenüber den eigentlichen Wildformen aus dem Mittelmeergebiet bereits das Kulturpflanzenmerkmal des Riesenwuchses erlangt. Ihre Samenkörner waren beträchtlich größer als die der Wildherkünfte

(Abb. 23), und auch die Pflanzen selbst zeigten einen wesentlich größeren Wuchs und eine üppigere Entwicklung. Der Riesenwuchs beruhte hier, wie in vielen anderen Fällen, auf einer Zunahme der Zellgröße.

Wie mag nun dieses wichtige Kulturpflanzenmerkmal in einer so kurzen Zeit entstanden sein? Es wäre ja wohl denkbar, daß der Mensch durch wiederholte Auswahl der größten Samen zunächst einzelne Pflanzen mit der erblichen Eigenschaft zur Großsamigkeit ausgelesen hätte und daß aus diesen dann großsamige Sorten entwickelt worden wären. Diese Vermutung dürfte hier aber kaum zutreffen. Die Lupinen wurden zunächst nur zur Gründüngung angebaut, sie wurden also ausgesät, um eine große Menge an grüner Pflanzenmasse zu

Abb. 23. Samengröße von Wild- und Kulturformen der blauen Lupine *(Lupinus angustifolius)*. Von links nach rechts: Wildform aus Italien, Wildform aus Palästina, Wildform aus Spanien, Kulturform: normale blaue Süßlupine, verbesserte Kulturform: breitblättrige blaue Süßlupine. Das Bild zeigt, daß auch bei Wildformen sehr beträchtliche Unterschiede in der Samengröße bestehen können

entwickeln, die man dann unterpflügte, um dem Boden Stickstoff und Humus zuzuführen. Hierbei achtete sicherlich niemand auf die Größe der Samen, wohl aber darauf, daß die verwendete Sorte möglichst viel Grünmasse erbrachte. Der Landwirt hat also die von ihm als Gründüngungspflanzen angebauten Lupinenarten auf einen möglichst hohen Wuchs ausgelesen. Dieser aber hängt bei den Lupinenarten weitgehend mit der Samengröße zusammen. So hat eine spanische Wildform der blauen Lupine mit einem 1000-Korngewicht von 94 g eine Wuchshöhe von 60 cm, eine Kulturform dagegen, die ein 1000-Korngewicht von 197 g aufwies, wurde fast 90 cm hoch. Durch die Auslese von Pflanzen mit besonders üppigem Wachstum sind also gleichzeitig Gigasformen mit besonders großen Samen erhalten worden. Die Abb. 23 zeigt, daß hier die Auslese auf Riesenwuchs wohl nicht besonders schwierig gewesen ist, denn bereits die einzelnen Herkünfte der Wildformen unterscheiden sich stark in der Samengröße und damit auch in der Wüchsigkeit. Die Neigung zur Bildung großzelliger Riesenformen war also bereits unter den Wildpflanzen vorhanden, und der Mensch brauchte unter den ihm zugänglichen Pflanzen nur die geeigneten Formen auszulesen.

Wir haben bereits früher gesehen, daß mit dem Riesenwuchs in der Regel noch andere Eigenschaften verbunden zu sein pflegen. Das ist auch bei den Lupinen der Fall. Die kleinzelligen Wildformen besitzen hier eine höhere Fruchtbarkeit als die von ihnen abstammenden Kultursorten, bei denen sowohl die Zahl der Hülsen wie auch die Zahl der Samen je Hülse vermindert ist. Trotz dieser verringerten Samenzahl erbringt die Kultursorte jedoch gewichtsmäßig einen bedeutend höheren Samenertrag, da ihre Samen fast 3mal so groß und schwer sind als die der damit verglichenen Wildform.

Die gesteigerte Samengröße aber führt gleichzeitig zu einer wesentlichen Verbesserung der Qualität der Samen. Je mehr deren Größe zunimmt, umso mehr verringert sich der Anteil der harten und unverdaulichen Samenschale am Gewicht des gesamten Samens. So wird also auch bei den Lupinen durch den Riesenwuchs nicht nur der Ertrag, sondern auch die Qualität der Ernteprodukte ganz wesentlich verbessert.

Mit der Auslese von Formen mit Gigascharakter war somit bei den Lupinenarten bereits der erste Schritt in Richtung auf die Herausbildung wirklicher Kulturformen vollzogen. Desungeachtet aber mußte man die Lupinen auf dieser Entwicklungsstufe noch als vom Menschen kultivierte Wildformen bezeichnen, denn sie besaßen noch eine ganze Reihe von recht unerfreulichen Wildpflanzenmerkmalen.

An der Spitze dieser Mängel stand bei allen 3 Arten der hohe Gehalt an Alkaloiden, der die Pflanze bitter, giftig und damit als Futter für Haustiere völlig unbrauchbar machte. Andererseits aber wußte man schon früh, daß die Lupinen im Kraut wie im Samen ungewöhnlich große Mengen an biologisch hochwertigem Eiweiß enthielten. Die gelbe Lupine war darüber hinaus durch ihre ungewöhnlich große Anspruchslosigkeit gegenüber Boden und Klima bekannt. Es war daher schon lange der Wunsch rege, aus diesen Arten wirkliche Kulturformen zu machen. Der erste Schritt auf diesem Wege aber mußte die Beseitigung der giftigen Alkaloide sein.

Der erste Züchter der alkaloidarmen Lupinen, R. von Seng-busch, baute seine Arbeit auf einigen wichtigen Erkennnissen der theoretischen Biologie auf. Aus dem Vorhandensein alkaloid-freier Formen bei anderen Schmetterlingsblütlern schloß er auf Grund des Gesetzes der Parallelvariation, daß auch bei den Lupinen durch Genmutation gelegentlich alkaloidarme Formen entstehen müßten. Aus den Erfahrungen, die die Mutations-forschung inzwischen gemacht hatte, wußte er andererseits, daß Mutationen nur in einer sehr geringen Häufigkeit aufzutreten pflegen, daß man also sehr große Mengen von Einzelpflanzen untersuchen mußte, um einer alkaloidarmen Mutante, wie man die Träger einer solchen Mutation bezeichnet, habhaft zu werden. Durch die Entwicklung von Verfahren, die es erlaubten, sehr große Mengen von Pflanzen zu untersuchen — diese konnten so vervollkommnet werden, daß schließlich von einer einzigen Arbeitskraft täglich bis zu 15 000 Einzelpflanzen analysiert wurden — war es möglich, in verhältnismäßig kurzer Zeit bei der gelben Lupine 3, bei der blauen 2 und bei der weißen Lupine eine Mutante mit so geringem Alkaloidgehalt zu finden, daß alle Teile der Pflanze von den Tieren gern und ohne Schädigung gefressen wurden.

Damit war ein wichtiger Schritt auf dem Wege zur Kultur-pflanze getan. Die Lupine besaß jedoch noch zahlreiche weitere Wildpflanzenmerkmale, die sich beim Anbau dieser wertvollen Pflanze recht störend bemerkbar machten. Eine solche un-erwünschte Eigenschaft war vor allem das Aufplatzen der reifen Hülsen bei der gelben und bei der blauen Lupine, durch das große Mengen von Samen verloren gingen. Da nahe Verwandte wie die Erbse, die Bohnen und die weiße Lupine platzfeste Hülsen be-saßen, war nach dem Gesetz der Parallelvariation anzunehmen, daß auch bei der gelben und blauen Lupine derartige Mutationen zu finden sein mußten, wenn man nur genügend große Mengen von Pflanzen untersuchte. Dies war wirklich der Fall! Unter etwa 10 Millionen Einzelpflanzen entdeckten von Sengbusch und sein Mitarbeiter Zimmermann eine gelbe Lupine, deren Hülsen bei der Reife nicht aufplatzten (Abb. 24).

Damit war das Problem der Sicherung des Samenertrages jedoch noch nicht vollständig gelöst. Die Hülsen platzten jetzt bei der

Reife zwar nicht mehr auf, aber sie besaßen noch eine andere
unangenehme Eigenschaft, sie brachen als Ganzes vom Fruchtstand ab. Doch auch die Suche nach Pflanzen mit nicht abbrechen-
den Hülsen war von Erfolg begleitet, es konnte eine Pflanze entdeckt werden, bei der die reifen Hülsen fest am Fruchtstand saßen.

Abb. 24. Die Nachkommenschaft der ersten Einzelpflanze der gelben Lupine
(*Lupinus luteus*) mit platzfesten Hülsen inmitten nicht platzfester Nachkommen-
schaften. (Nach R. v. Sengbusch und Zimmermann)

Ein weiteres Wildpflanzenmerkmal, das sich auch bei der
„Süßlupine" zunächst noch fand, war die Neigung, hartschalige
Samen hervorzubringen. Bei trockener Lagerung verhärtete sich
bei einer größeren Anzahl von Samen die Schale so sehr, daß sie
unter normalen Verhältnissen kein Wasser durchließ. Solche
Samen keimten nicht im Aussaatjahr, sondern erst ein oder

mehrere Jahre später, wenn die Samenschale chemisch oder mechanisch soweit angegriffen war, daß das Bodenwasser durch sie hindurch dringen konnte. Dieses Merkmal der Hartschaligkeit ist in den Heimatgebieten der gelben Lupine für die Erhaltung der Art offenbar sehr wichtig. In Palästina z. B. folgt auf die Vegetationszeit eine Dürreperiode, die mehrere Monate anhält. Besäßen die Lupinensamen nicht die Neigung zur Hartschaligkeit, so würden sie bei den letzten Regengüssen am Ende der Vegetationszeit auskeimen, um dann bei der nachfolgenden Trockenheit zu verdorren. Vor diesem Schicksal werden sie jedoch durch ihre verhärtenden Samenschalen bewahrt. Diese werden dann während der Dürrezeit bei Stürmen durch scharfkantige Sandteilchen angeritzt und damit durchlässig gemacht. So kann zu Beginn der feuchten Witterung das Wasser durch die Samenschale hindurch zu dem Keimling gelangen und diesen zum Leben erwecken.

So lebensnotwendig die Tendenz zur Hartschaligkeit bei der Wildlupine sein mochte, so unerwünscht mußte sie beim Anbau der Lupinen sein. Auch hier gelang es jedoch, durch planmäßige Auslese weichschalige Mutanten zu finden, die bei der Aussaat sofort zu keimen beginnen.

Das Heimatgebiet der gelben Lupinen ist, wie erwähnt, der verhältnismäßige trockene Mittelmeerraum. Bei der Einführung dieser Art in das sehr viel feuchtere Klima Mitteleuropas zeigte sich, daß eine Eigenschaft, die den Pflanzen in ihrem Heimatgebiet nicht weiter schädlich ist, bei uns eine recht ungünstige Wirkung haben kann. Die Hülsen der gelben Lupine sind nämlich dicht behaart. Diese Haare halten bei Regenwetter die Feuchtigkeit lange fest, so daß die Hülsen nur langsam trocknen. Daher leidet bei feuchter Witterung leicht die Qualität und die Keimfähigkeit der Samen. Durch die Auslese von Mutanten, die kurzhaarig sind oder die ihre Haare kurz vor der Reife abwerfen, ist nunmehr der Anbau der Lupine auch in feuchteren Gegenden sicherer geworden. Die Anpassung der Kulturformen an unsere Klimaverhältnisse wird durch die Entdeckung einer weiteren erblichen Form noch verstärkt. Bei dieser stehen die Fruchtstände im Gegensatz zu der Ausgangsform, bei der sie tief zwischen Blättern und Seitensprossen sitzen,

60

hoch über der Grünmasse und können daher besser trocknen und ausreifen.

Eine Kulturpflanze darf keine allzu einseitigen Ansprüche an Klima und Bodenverhältnisse stellen, da dies ihren Anbau stark einschränken würde. Die gelbe Lupine war ursprünglich recht empfindlich sowohl gegen einen hohen Wasser- wie einen hohen Kalkgehalt des Bodens. Eine Mutante mit weißer Kornfarbe erwies sich gleichzeitig als sehr viel anpassungsfähiger an diese Bodenfaktoren als die Normalform. Durch diese sowie durch die beiden vorher beschriebenen Mutationen wurde die Bindung der gelben Lupine an ganz bestimmte, eng umschriebene Klima- und Bodenverhältnisse aufgehoben und damit die Eignung der Pflanze als Kulturform bedeutend verbessert.

Andererseits bedeutet schon allein die helle Samenfarbe bei der weißkörnigen Mutante eine Steigerung des Wertes der Lupine als Kulturpflanze, da der Mensch hellfarbige Samen aus ästhetischen, vielleicht aber auch aus geschmacklichen Gründen bevorzugt, hat es sich doch sowohl bei verschiedenen Hülsenfrüchten wie auch bei anderen Kulturpflanzen erwiesen, daß dunkel gefärbte Samen einen weniger angenehmen Geschmack besitzen als hellkörnige. Endlich aber ist bei der weißkörnigen Lupine auch der biologische Wert des Sameneiweißes erhöht.

Weiterhin konnten bei allen 3 Lupinenarten neue erbliche Typen aufgefunden werden, die sich durch eine besonders schnelle Jugendentwicklung oder durch eine erhöhte Wüchsigkeit auszeichnen. Auch diese beiden Eigenschaften sind bei einer Kulturpflanze wichtig, denn sie bewirken, daß die Pflanzen rasch den Boden bedecken, die aufgelaufenen Unkräuter unterdrücken und somit weniger Hackarbeit erfordern. Überdies sind von Pflanzen, die sich rasch entwickeln und große Massen an Blättern hervorbringen, auch hohe Erträge zu erwarten.

Eine wenig erfreuliche Eigenschaft der Lupine war bisher die Neigung, neben dem Hauptblüten- und -fruchtstand noch mehrere Seitenäste zu entwickeln, die ebenfalls Blüten und Früchte trugen. Die Früchte der Seitentriebe wurden sehr viel später reif als die des Hauptsprosses. Dadurch entstanden bei der Ernte Schwierigkeiten, da man gezwungen war, diese entweder vorzunehmen, wenn die Samen des Hauptfruchtstandes reif waren, oder damit zu warten, bis auch die an den Seitenästen sitzenden Früchte ein ausreichendes Reifestadium erreicht hatten. Im ersten Falle gelangten unreife, stark wasserhaltige Früchte und Samen in das Erntegut, das dadurch schlecht austrocknete und leicht verdarb. Wenn man aber mit der Ernte wartete, bis auch die Hülsen der Seitentriebe einen ausreichenden Reifegrad erreicht hatten, waren die an den Haupttrieben sitzenden Hülsen zu lange den Unbilden der Witterung ausgesetzt, was ebenfalls zu Verlusten durch Ausfall, Auskeimen oder Befall der eiweißreichen empfindlichen Samen durch Pilze und Bakterien führte. Die erfolgreiche Suche nach unverzweigten Pflanzen mit nur einem Fruchtstand beseitigte auch diesen Mißstand.

Besonders vordringlich ist heute aber in der Lupinenzüchtung die Schaffung von Sorten, die gegenüber den verschiedensten Krankheiten widerstandsfähig sind. Die Erhaltung der Arten in der Natur wird durch die Anfälligkeit gegenüber Krankheiten und Schädlingen im Allgemeinen nicht gefährdet, da nur ein geringer Teil der befallenen Pflanzen nicht mehr zur Fortpflanzung kommt oder gar völlig abstirbt, und da überdies bei dem zerstreuten Vorkommen der Einzelpflanzen die Übertragung der Krankheit von einem Individuum zum anderen nur langsam und unsicher vor sich geht. Auf unseren Äckern, auf denen die Kulturpflanzen ja in geschlossenen Beständen stehen, können sich Krankheiten und Schädlinge mit großer Geschwindigkeit ausbreiten und geradezu seuchenhaften Charakter annehmen. Andererseits aber führt eine Verminderung des Ertrages, wie er durch eine Pflanzenkrankheit leicht hervorgerufen wird, zu großen wirtschaftlichen Verlusten und macht den Anbau unwirtschaftlich. Die Züchtung krankheitsresistenter Sorten ist daher wie bei allen anderen Kulturpflanzen so auch bei der Lupine notwendig, wenn wir auf hohe und sichere Erträge Wert legen.

Der Mensch hat durch die planmäßige Anwendung der Erkenntnisse der Vererbungswissenschaft die Entwicklung der Lupine zur Kulturpflanze außerordentlich beschleunigt. In gleicher Weise, nur sehr viel langsamer ist dieser Prozeß auch bei der Entstehung unserer älteren Kulturpflanzen verlaufen.

Die Entstehung der verschiedenen Formen des Gartenkohls durch Genmutation

Hierfür bietet uns die Entstehung der verschiedenen Kohlformen ein sehr anschauliches Beispiel. Der Anbau des Kohls geht offenbar auf sehr frühe Zeiten zurück, wie Funde von Kohlsamen aus den jungsteinzeitlichen Pfahlbauten in Robenhausen beweisen. Wie diese Kohlformen aussahen, wissen wir nicht, doch dürfen sie dem Wildkohl recht nahe gestanden haben, wenn es sich nicht gar noch um angebauten Wildkohl handelt. Die alten Griechen kannten im 4. Jahrhundert vor Chr. neben dem Wildkohl 2 Kulturformen, Blätterkohle ähnlich unserem Grünkohl, und zwar war neben einem glattblättrigen Kohl bereits eine Sorte mit krausen Blättern bekannt. Bei den Römern erfreute sich der Kohl großer Beliebtheit. Neben dem Krauskohl, der hier Sabellinischer Kohl genannt wurde, besaßen sie den Tritianer Kohl, eine Art von Spargelkohl, den Aricischen Kohl, bei dem die aus den Achseln der Blätter austreibenden Sprosse genossen wurden, also eine Art von primitivem Rosenkohl, der allerdings noch keine Neigung zur Köpfchenbildung zeigte. Überhaupt kannte die Antike noch keinen Kopfkohl. Beim Lactucarischen Kohl umgaben die Blätter zwar den Strunk so dicht, daß eine kopfähnliche Bildung entstand, richtige feste Köpfe mit eingerollten Blättern hat dieser Kohl, den wir wohl als einen Vorläufer des Kopfkohls betrachten dürfen, jedoch noch nicht gehabt. Als eine wirsingartige Kohlform, ebenfalls ohne richtige Kopfbildung, wird der Cumaner Kohl angesehen, und beim Pompejanischen Kohl endlich deutet sich bereits der erste Schritt zur Entstehung des Kohlrabi an.

Diese Entwicklung zu den heute bekannten Kohlformen, die sich im antiken Rom bereits in den ersten Anfängen abzeichnete, ging dann im Mittelalter und in der Neuzeit weiter. Im Capitulare Karls des Großen wird schon eine primitive Form des Kohlrabi als „ravacaulus" erwähnt, im 12. Jahrhundert kennt die Heilige Hildegard von Bingen bereits den Kopfkohl, und zwar sowohl Weißkraut wie Rotkohl. Der Wirsing wird erst zu Beginn des 17. Jahrhunderts von Tabermontanus erwähnt (sein weiterer Name Savoyer Kohl deutet auf das Gebiet hin, in dem er entstanden sein dürfte). Der Blumenkohl stammt aus dem östlichen

Mittelmeergebiet, er hat sich zu seiner heutigen Form aus dem Broccoli, einer primitiven, noch stark aufgelockerten Blumenkohlform entwickelt; er kam um die Wende vom 16. zum 17. Jahrhundert über Italien nach Deutschland. Die jüngste unserer Kohlformen ist der Rosenkohl, der erst gegen Ende des 18. Jahrhunderts in Belgien entstand.

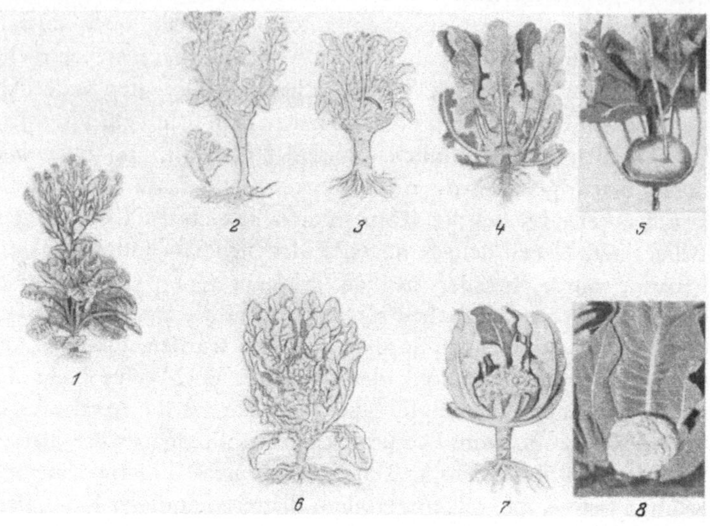

Abb. 25. Die allmähliche Vervollkommnung des Kohlrabi und des Blumenkohls im Laufe der letzten Jahrhunderte, aufgezeigt an zeitgenössischen Abbildungen. (Nach G. BECKER)

Alle diese verschiedenen Formen, die wir heute beim Kohl kennen, haben sich also im Laufe einiger Jahrtausende aus dem Wildkohl entwickelt. Auch dann, wenn sie bereits als bestimmte Kohlform, etwa als Kohlrabi oder Kopfkohl, vorhanden waren, haben sie noch keineswegs die uns heute bekannte Form und Leistungsfähigkeit besessen. Aus alten Beschreibungen und aus zeitgenössischen Bildern wissen wir, daß sie sich erst allmählich aus verhältnismäßig einfachen Ausgangsformen herausgebildet und immer mehr vervollkommnet haben (Abb. 25). Durch die ständige Auslese der schönsten und leistungsfähigsten Pflanzen, ein Vorgang, der sich zum Teil über viele Jahrhunderte erstreckt hat, bildeten sich aus den ersten Anfängen bestimmter Merkmale die Eigenschaften heraus, die heute für die verschiedenen Kohle kennzeichnend sind. Aus einem gleichförmigen wilden Ausgangsmaterial entstand so eine Fülle verschiedenartigster Pflanzenformen.

Diese langsame Umformung des Wildkohls in eine Kulturpflanze, deren in großen Zeiträumen erfolgende Aufgliederung in eine Reihe verschiedenartigster Typen und deren nur allmählich sich vollziehende Vervollkommnung ist uns durch die Ergebnisse zahlreicher erbbiologischer Untersuchungen verständlich geworden. Kreuzungen verschiedener Kohlformen miteinander haben nämlich ergeben, daß eine Anzahl wichtiger und für die einzelnen Kohltypen charakteristischer Merkmale von mehreren Erbanlagen abhängig ist, die sich gegenseitig in ihrer Wirkung steigern. So hängt sowohl die Kopfbildung beim Kopfkohl wie auch die Kräuselung vom Grünkohl von je 3 verschiedenen Erbanlagen ab. Diese Tatsache macht es verständlich, daß sich beim Kohl die typischen Merkmale der einzelnen Formen nur sehr langsam zu der uns heute bekannten Ausbildung entwickelt haben. Die erbliche Veränderung einer der 3 Erbanlagen für Kopfbildung mag zum Beispiel dazu geführt haben, daß sich der Beginn einer Kopfbildung eingestellt hat, so wie sie etwa aus der römischen Kaiserzeit geschildert worden ist. Diese neue Abweichung wurde als wertvoll erkannt und in Kultur genommen. Im Laufe der Zeit trat dann bei dieser neuen Sorte irgendwann einmal bei einer weiteren Erbanlage eine Mutation auf, die gleichfalls eine Neigung zur Kopfbildung hervorrief. Da nunmehr in der Pflanze 2 gleichsinnig wirkende Erbanlagen vorhanden waren, die sich in ihrer Wirkung verstärkten, wurde jetzt die Ausbildung des Kohlkopfes bereits wesentlich vollkommener. Als dann endlich bei diesen Pflanzen auch ein drittes Gen so „mutierte", daß auch durch es Kopfbildung erzeugt wurde, war der „Kopf" der Kulturpflanze so gut entwickelt und so fest geschlossen, wie wir ihn heute kennen. In ganz ähnlicher Weise dürfen wir uns auch die Entstehung und allmähliche Verbesserung zahlreicher anderer Kulturformen vorstellen.

Die genetische Analyse hat auch bei zahlreichen anderen Pflanzen nachgewiesen, daß hier ebenfalls die Entstehung der typischen Eigenschaften unserer Kulturpflanzen auf Genmutation zurückgeht. Einige weitere Beispiele mögen dies veranschaulichen. Wir haben gesehen, daß bei allen unseren

Getreidearten die Festigkeit der Ährenspindel ein wichtiges Merkmal der Kulturformen ist, daß dagegen alle Wildformen brüchige Ähren haben. Bei der Gerste zeigte sich nun bei Kreuzung der Kulturformen mit den Wildarten, daß diese 2 oder sogar 3 Erbanlagen in einer Zustandsform besitzen, welche bewirkt, daß die reife Ähre zerfällt. Wenn nur eine einzige dieser Anlagen durch Mutation verändert wird, werden bereits Ähren mit verhältnismäßig fester Spindel ausgebildet. Deren Festigkeit wird jedoch noch verstärkt, wenn noch ein weiteres oder gar die beiden restlichen Gene durch Mutation in einen Zustand überführt worden sind, der gleichfalls die Ausbildung einer zähen Spindel fördert. Aus diesen Befunden dürfen wir schließen, daß die feste Ährenspindel bei unseren Kulturgersten so entstanden ist, daß eines der Wildgene, die die Brüchigkeit der Ähre verursachen, in früherer Zeit einmal mutiert ist, und daß diese vorteilhafte Mutation vom Menschen entdeckt und planmäßig vermehrt wurde.

Wir haben wiederholt gesehen, daß der Riesenwuchs als ein Grundmerkmal der Kulturpflanzen angesehen werden muß. Auch für dieses so charakteristische und für die Leistungen der Kulturpflanze ganz besonders bedeutungsvolle Merkmal konnte an einer Gigassorte von Rotklee gezeigt werden, daß es durch Mutation eines einzigen Gens entstehen kann. Um eine Gigasmutante handelt es sich wohl auch bei der 1876 in Brasilien durch Mutation entstandenen bekannten Kaffeesorte Maragogype, die sich von ihrer Ausgangsform durch sehr viel größere Bohnen und durch eine verminderte Fruchtbarkeit unterscheidet.

Auf Genmutationen geht endlich die Fülle verschiedenartigster Zuchtsorten bei einer Reihe unserer Gartenzierpflanzen, etwa beim Löwenmäulchen, bei der Edelwicke, der Levkoje oder der chinesischen Primel zurück. An der Geschichte dieser Arten läßt sich nicht selten sehr anschaulich zeigen, wie im Laufe der Kultur ein neues Merkmal nach dem anderen aufgetreten ist und wie sich so durch fortgesetztes Mutieren aus den ursprünglich sehr einförmigen Ausgangsarten die ganze Formenmannigfaltigkeit und Farbenpracht der heutigen Zuchtformen entwickelt hat.

Die Bedeutung, welche die Genmutationen für die Entstehung der Kulturpflanzen gehabt haben, und die sie für deren Vervollkommnung heute noch besitzen, tritt uns besonders eindringlich bei den gärtnerischen Kulturpflanzen vor Augen, die nicht durch Samen sondern nur vegetativ durch Zwiebeln, Knollen, Stecklinge oder Pfropfreiser vermehrt werden. Bei solchen Pflanzen können erbliche Veränderungen im Bau oder in den Leistungen nur dadurch zustandekommen, daß eine Mutation im jungen

Körpergewebe der wachsenden Pflanze in irgendeiner Zelle nahe
der Vegetationsspitze auftritt. Alle Zellen und Gewebe, die sich
von einer solchen mutierten Zelle ableiten, besitzen die veränderte
Erbanlage gleichfalls und zeigen demgemäß auch in der von diesem
Gen abhängigen Eigenschaft ein ver-
ändertes Verhalten (Abb. 26). Derartige
somatische oder Sproßmutationen,

Abb. 26   Abb. 27

Abb. 26. Somatische Mutation der Blütenfärbung bei der Gartendahlie
(*Dahlia variabilis*). Mitte: Normalform, rechts: mutierte Blüte

Abb. 27. Somatische Mutation bei einer Treib-Tulpensorte, die zu einer wirtschaftlich sehr wesentlichen Verkürzung der zum Treiben notwendigen Zeit
führt. Links die Normalform, rechts die frühblühende Mutante bei völlig
gleicher Behandlung. (Nach DE MOL)

von den Gärtnern als „Sports" bezeichnet, haben zur Entstehung
zahlreicher neuer Sorten geführt. Viele Neuzüchtungen bei Chry-
santhemen und Dahlien, bei Tulpen und Hyazinthen sind so entstanden (Abb. 27). Wir kennen Tulpensorten, aus denen auf diese
Weise 40—50 neue Sorten hervorgegangen sind. Auch die Fähigkeit, gefüllte Blüten hervorzubringen, kann durch Sproßmutation
ausgelöst werden. Abb. 28 zeigt die Sammelblüte einer ungefüllt blühenden Pflanze der Sommeraster, *Callistephus sinensis*, bei
der durch somatische Mutation bei einer größeren Zahl von

5*   67

Blütenkörbchen mehr oder weniger zahlreiche Einzelblütchen aus unscheinbaren Röhrenblüten in bunt gefärbte große Zungenblüten umgewandelt waren. Bezeichnend und ein neuer Beleg für den engen Zusammenhang zwischen Blütenfüllung und Gigaswuchs ist die Tatsache, daß die gefüllt blühenden Teile der Köpfchen stets bedeutend großzelliger waren als die ungefüllten. Offenbar hat hier eine Mutation, die zu einer Steigerung der Zellgröße führte, gleichzeitig die Ausbildung gefüllter Blüten bewirkt.

Ähnlich wie bei den Zierpflanzen liegen die Dinge bei unseren Obstarten. So ist zum Beispiel der „Rote Gravensteiner" zu Anfang des 19. Jahrhunderts als „Sport" aus dem „Gelben Gravensteiner" hervorgegangen. Die Tatsache, daß beim Apfel allein in den USA bis 1936 fast 400 Sproßmutanten aufgefunden worden sind, zeigt die Häufigkeit, mit der diese Art von Mutationen aufzutreten pflegt. Die wirtschaftliche Bedeutung der auf diese Weise neu entstandenen Formen aber wird durch die Tatsache beleuchtet, daß von den in den USA patentierten neuen Obstsorten etwa ein Drittel durch somatische Mutation entstanden ist.

Abb. 28. Somatische Mutation bei der Sommeraster *(Callistephus sinensis)*. Erklärung siehe Text

Viele der Sproßmutationen beim Obst rufen Veränderungen an den Früchten hervor (Abb. 29), es sind jedoch auch Mutanten bekannt geworden, die sich von der Ausgangssorte durch frühere oder spätere Reifezeit, durch Befähigung zum Fruchtansatz nach Selbstbefruchtung, durch die Eigenschaft, in jedem Jahr eine volle

Ernte hervorzubringen sowie durch Widerstandsfähigkeit gegen Krankheiten unterscheiden. Es ist selbstverständlich, daß durch das Auftreten von so wertvollen Mutationen der Wert der betref-

fenden Sorten bedeutend gesteigert werden kann. Die besondere Bedeutung der Sproßmutationen bei Obst und Zierpflanzen liegt darin, daß durch
sie ein Merkmal geändert wird,
daß aber sonst der wertvolle
Gesamtcharakter der betreffenden Sorten völlig unverändert
erhalten bleibt.

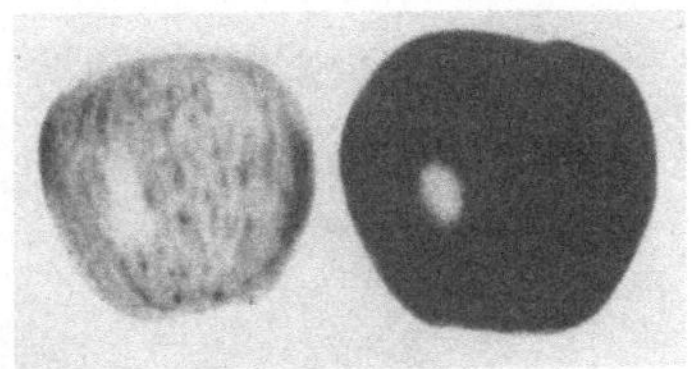

Abb. 29. Somatische Mutationen zu dunkelroter Fruchtfärbung bei der Apfelsorte „Winesap". Links Frucht der Ausgangssorte, rechts der Mutante. (Nach SHAMEL and POMMEROY aus M. SCHMIDT)

Die große Bedeutung der Genmutationen für die Entstehung
von Kulturformen ist schließlich
in der letzten Zeit durch die experimentelle Mutationsforschung be-
kräftigt worden. Durch die Einwirkung von Röntgenstrahlen oder
von radioaktiven Isotopen läßt sich
die Mutationsrate sehr beträchtlich
steigern. Unter den auf diese Weise
erzeugten Mutanten hat man bis
heute bereits eine ganze Reihe von
Formen gefunden, bei denen wichtige Eigenschaften durch die Mutation verbessert worden sind. Bei
der Gerste konnten zum Beispiel
nach Röntgenbestrahlung der Samen nacktkörnige (Abb. 30), großkörnige (Abb. 31), glattgrannige,
grannenlose, krankheitsresistente,
frühreife und standfeste Mutanten
gefunden werden. Bei Weizen
wurden auf die gleiche Weise
Stämme mit größerer Frosthärte,
besserer Backfähigkeit und höherer

Abb. 30. Mutante der Gerstensorte „Haisa" mit nacktem Korn
(oben). Unten Körner der be-
spelzten Normalform. (Nach H.
STUBBE)

Lagerfestigkeit erhalten. Vor allem aber konnte durch Mutationsauslösung bei Gerste und bei einigen anderen Kulturpflanzen eine
Steigerung des Ertrages bis zu 30% erzielt werden. Eine Reihe

Abb. 31. Großkörnige Mutante (rechts) der Gerstensorte „Haisa". (Nach
H. Stubbe)

Abb. 32. Blüte einer normalen Kulturtomate (links) und einer großblütigen
Röntgenmutante der gleichen Sorte. Der durch die Mutation hervorgerufene
Gigascharakter hat nicht nur zur Vergrößerung der Blüten sondern auch zur
Zunahme der Zahl der Blütenblätter geführt. (Nach H. Stubbe)

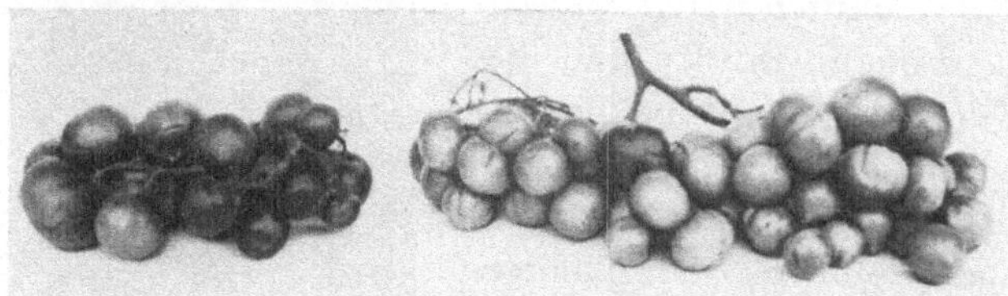

Abb. 33. Fruchtstand einer normalen Kulturtomate (links) und sehr stark
vergrößerter Fruchtstand einer Röntgenmutante. (Nach H. Stubbe)

interessanter und vielleicht auch wirtschaftlich wichtiger Röntgen-
mutanten kennen wir endlich von der Tomate (Abb. 32 u. 33) und
vom Rotklee. Die Rotkleemutante ist besonders bemerkenswert

70

dadurch, daß sie sich von der Ausgangsform durch einen ausgeprägten Riesenwuchs unterscheidet.

Diese Erfolge der Mutationsforschung machen es verständlich, daß die moderne Pflanzenzüchtung sich immer mehr der Methode der experimentellen Mutationsauslösung zu bedienen beginnt, um mit ihrer Hilfe die Leistungsfähigkeit unserer Kulturpflanzen noch immer weiter zu steigern.

Vereinigung und Neuentstehung von Kulturpflanzenmerkmalen durch Kreuzung

Neben der Genmutation spielt die Kreuzung zwischen verschiedenen Rassen und Arten eine wichtige Rolle bei der Entstehung und Verbesserung der Kulturpflanzen. Bei der geringen Häufigkeit der Genmutationen würde es recht lange dauern, bis bei einer neuentstandenen wertvollen Mutante durch Genmutation eine weitere günstige Eigenschaft auftritt. Die Entwicklung zur Kulturpflanze kann jedoch dadurch beschleunigt werden, daß mehrere vorteilhafte Mutationen bei verschiedenen Pflanzen eines Feldes gleichzeitig auftreten und durch spontane Kreuzbefruchtung miteinander vereinigt werden. Eine solche Kreuzung erfolgt in der Natur bei den meisten Pflanzen ständig in bestimmtem Ausmaß, und sie ist wohl ein bedeutsamer Faktor bei der Entwicklung unserer Kulturpflanzen.

Dies zeigt sich besonders eindrucksvoll bei der Luzerne. Die blaue Luzerne, *Medicago sativa*, die heute zu den wichtigsten Grünfutterpflanzen gehört, ist ursprünglich in Vorderasien zu Hause. Von dort gelangte sie bereits im Altertum in das Mittelmeergebiet und von hier über Frankreich im 17. Jahrhundert nach Deutschland, wo sie sich im Laufe des 18. Jahrhunderts weithin ausbreitete. Die blaue Luzerne war jedoch, was angesichts des milderen Klimas ihres Ursprungs- und ihres bisherigen Hauptverbreitungsgebietes nicht zu verwundern ist, den kälteren Wintern Mitteleuropas nicht genügend gewachsen, sie winterte daher leicht aus. In Mitteleuropa traf sie jedoch mit einer anderen nahe verwandten Luzerneart, der gelben Luzerne, *Medicago falcata*, zusammen, die als hier heimische Wildart an die Klimaverhältnisse vorzüglich angepaßt war. Die beiden Arten bastardierten leicht miteinander, und aus diesen zahlreichen spontanen Kreuzungen entstand eine bunte Fülle verschiedenartigster Bastardformen, die als Bastard- oder Sandluzerne, *Medicago media*, bezeichnet werden, und aus denen sich mit der Zeit einige Landsorten entwickelten. Diese Landsorten vereinigten in sich den hohen vollen Wuchs und den Blattreichtum der blauen Luzerne mit der Winterhärte und der Anspruchslosigkeit der gelben Luzerne.

Mit der Entstehung dieser in Deutschland winterfesten Landsorten hatte die Bastardluzerne jedoch noch bei weitem nicht die in ihr schlummernden Fähigkeiten, sich an extreme Klimaverhältnisse anzupassen, erschöpft. Um die Mitte des vergangenen Jahrhunderts führte ein deutscher Auswanderer namens WENDOLIN GRIMM Saatgut von Fränkischer Bastardluzerne nach Minnesota ein. Dem rauhen Klima dieses Gebietes war auch die Bastardluzerne nicht gewachsen, und es winterte daher zunächst Jahr für Jahr der weitaus größte Teil der Pflanzen aus. Das von den wenigen überlebenden Pflanzen erhaltene Saatgut wurde wieder ausgesät, von der neuen Generation wieder die frostfestesten Typen ausgelesen, bis endlich eine Bastardluzerne geschaffen war, die die Ausgangsform an Frosthärte weit übertraf, die „Grimmluzerne“, mit deren Hilfe der Luzerneanbau weit in den Norden der USA vorgeschoben werden konnte. Es ist sicher, daß in diesem Falle erst die Kreuzung zwischen den beiden Luzernearten die Voraussetzung für diese starke Anpassungsfähigkeit der Pflanze an große Winterkälte — insbesondere an Kahlfrost — gegeben hat.

Eine große Beschleunigung aber erfährt der Vorgang der Umbildung der Wildarten in Kulturformen dort, wo der Mensch brauchbare Mutanten bewußt sucht und durch planmäßige Kreuzung die ihm nützlichen Merkmale miteinander vereinigt. Wo dies der Fall ist, kann — wie bei der Süßlupine — der Weg von der Wildart zur Kulturpflanze statt wie einstmals in Jahrhunderten oder Jahrtausenden jetzt in wenigen Jahrzehnten zurückgelegt werden.

Wie sehr durch die Kombination günstiger Eigenschaften der Wert auch alter Kulturpflanzen noch erhöht werden kann, sei an einem Beispiel aufgezeigt. Bei der Sorte „Maryland Mammut“ des virginischen Tabaks war bereits vor einigen Jahrzehnten eine sogenannte Kurztagsmutante aufgetreten, eine Form, die bei einer längeren Tagesdauer, wie sie für unsere Breiten im Sommer charakteristisch ist, nicht mehr zum Blühen kommt. Infolge des Ausbleibens der Blütenbildung bringt die Mutante sehr viel mehr Blätter hervor als ihre Ausgangsform, da sie ja die gesamten ihr zur Verfügung stehenden Nährstoffe zur Bildung von Blattmasse verwenden kann. Die Blätter aber sind ja beim Tabak der Teil der Pflanze, der vom Menschen genutzt wird. Die Mutante hätte durch diese Eigenschaft, bei Langtag Riesenwuchs zu entwickeln ohne zum Blühen zu kommen, eine große wirtschaftliche Bedeutung erlangen können, wenn sie nicht zugleich noch ein weiteres Merkmal besessen hätte, das den Wert der Mutante wieder stark einschränkte. Sie war nämlich sehr spätreif, ihre Blätter vergilbten bis in den späten Herbst hinein nicht und erlangten daher auch nicht die für die Erzielung eines hochwertigen Tabaks notwendige Reife. Die Mutante wurde nun mit einer sehr frühreifen Sorte gekreuzt, und es gelang, in der Nachkommenschaft dieser Kreuzung Pflanzen auszulesen, die das wirtschaftlich bedeutungsvolle Merkmal der rein vegetativen Entwicklung unter Langtagsbedingungen mit der nicht weniger wichtigen Eigenschaft der Frühreife der Blätter in sich vereinigten. Erst durch diese Kombination der von 2 verschiedenen Sorten stammenden wertvollen Eigenschaften ist die Mutante „Maryland Mammut" wirklich wirtschaftlich nutzbar geworden. Wir haben hier ein eindrucksvolles Beispiel vor uns, an dem wir ersehen können, wie eine zunächst nutzlose Mutation durch Hinzutritt eines zweiten, sie ergänzenden Merkmals zu einer bedeutenden Verbesserung des Wertes der betreffenden Pflanze führen kann. Eine solche Vereinigung und Anhäufung wertvoller Merkmale auf einer Pflanze bzw. in einer Sorte durch Kreuzung der Träger wertvoller Eigenschaften miteinander ist heute eine wichtige Arbeitsmethode der modernen Pflanzenzüchtung, sie ist zugleich eine der entscheidenden Ursachen der großen Erfolge, welche diese in den letzten Jahrzehnten erzielt hat.

Durch die Kreuzung verschiedener Rassen und Arten miteinander können andererseits aber auch völlig neue Eigenschaften auftreten, die den Wert der Pflanze für den Menschen erhöhen. Auf die grundlegende Bedeutung des Gigaswuchses für die Entstehung der Kulturpflanzen wurde bereits wiederholt hingewiesen.

Wir haben gesehen, daß dieses Merkmal durch Genmutation entstehen kann. Andererseits aber hat sich gezeigt, daß auch nach Kreuzung nahe miteinander verwandter Pflanzen gelegentlich ebenfalls Formen mit Riesenwuchs auftreten. So wurde in der Nachkommenschaft einer Kreuzung zwischen 2 Hafersorten mit durchaus normalem Wuchs ein Gigashafer aufgefunden. Ein ähn-

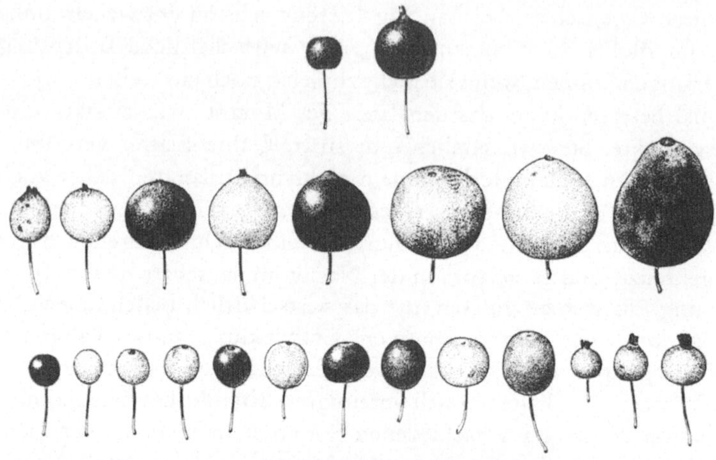

Abb. 34. Auftreten von großfrüchtigen Formen in der Nachkommenschaft einer Kreuzung zwischen zwei kleinfrüchtigen Apfelarten, *Malus baccata* (links oben) und *M. prunifolia* (rechts oben). (Nach W. HENNING)

licher Fall ist vom Apfel her bekannt. Aus der Kreuzung von 2 wilden Apfelarten mit sehr kleinen Früchten ging eine ganze Reihe von großfrüchtigen Nachkommen hervor (Abb. 34). Die Entstehung des Riesenwuchses durch Kreuzung haben wir uns so vorzustellen, daß die beiden Eltern verschiedenartige Anlagen für Riesenwuchs besaßen, die jedoch allein nicht wirksam werden konnten. In der Nachkommenschaft dieser Kreuzungen kamen dann diese verschiedenen Erbanlagen, die sich gegenseitig ergänzten, zusammen und riefen bei den betreffenden Individuen dann das Merkmal des Gigaswuchses hervor.

Auf eine ganz ähnliche Weise ist offenbar auch der Rotkohl entstanden. Verschiedene rein grüne Kohlformen enthalten Erbanlagen für die Ausbildung des Anthozyans, das die Rotfärbung

74

der Blätter bewirkt. Diese Anlagen können sich jedoch nicht manifestieren, weil sie nicht vollständig vorhanden sind. Kreuzt man jedoch derartige grünblättrige Sorten miteinander, von denen die eine die Anlagen besitzt, die der anderen für die Produktion des roten Farbstoffes fehlen, so treten in der Nachkommenschaft einer solchen Kreuzung Pflanzen auf, die alle für die Anthozyanbildung notwendigen Erbanlagen enthalten und demgemäß kräftig rot gefärbte Blätter besitzen.

Ein wichtiges Merkmal zahlreicher Kulturpflanzen ist die rübenförmig verdickte fleischige Wurzel. Daß auch diese Eigenschaft,

Abb. 35. Die amerikanischen Kulturheidelbeeren sind Nachkommen von Bastarden verschiedener Wildarten. Ihre wertvollen Eigenschaften dürften sie der Vereinigung günstiger Gene der Elternarten verdanken. Links Früchte einer der Wildarten, rechts Früchte einer Zuchtsorte. (Nach DARROW)

die viele Pflanzen überhaupt erst für den Menschen nutzbar macht, durch Bastardierung entstanden sein kann, wurde sehr anschaulich an der Kreuzung zwischen einer hochwüchsigen und einer buschförmigen Sorte der Feuerbohne, *Phaseolus coccineus*, aufgezeigt. Hier traten nämlich in der zweiten Generation nach der Kreuzung zu etwa 10% Pflanzen mit rübenartig verdickten Wurzeln auf, die ein Gewicht bis zu fast dreiviertel Pfund hatten und sich durch guten Geschmack und hohen Eiweißgehalt auszeichneten. Wie hier mag auch bei anderen Kulturpflanzen, etwa bei der Gartenmöhre, die als Ergebnis der Kreuzung mehrerer wilder Möhrenarten angesehen wird, die Fähigkeit zur Bildung einer verdickten Wurzel dadurch entstanden sein, daß in den Bastardpflanzen komplementäre Anlagen zur Ausbildung einer fleischigen Wurzel von verschiedenen Eltern zusammengekommen sind.

Seine große Leistungsfähigkeit und seine große Formenfülle hat auch der Mais der Artkreuzung zu verdanken. Primitive Kulturformen dieser Art sind aus ihrer ursprünglichen Heimat in den Anden von Bolivien und Peru bereits vor der Entdeckung Amerikas nach Mittelamerika eingeführt worden und haben sich hier spontan mit nahe verwandten Wildarten, die zu der Gattung *Tripsacum* gehören, gekreuzt. Diese Bastardierung hat offenbar zu einer Vereinigung besonders günstiger Anlagen beider Elternarten geführt, durch die erst die hohen Erträge möglich gemacht wurden, durch welche der Mais heute eine der wichtigsten Pflanzen der Weltwirtschaft geworden ist.

Eine Fülle von neuen Kulturpflanzen, die heute in Europa noch fast völlig unbekannt sind, hat die Kreuzung von verschiedenen Arten der Gattung *Citrus*, zu der die Zitrone, die Apfel-

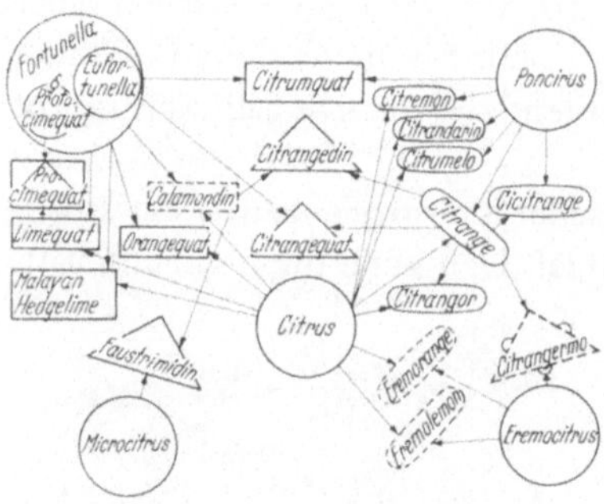

Abb. 36. Diagramm, welches die Gattungsbastarde zwischen Arten der Gattungen Citrus, Fortunella, Poncirus, Microcitrus und Eremocitrus zeigt. Die 5 Gattungen sind durch Kreise dargestellt, die beiden Kreise innerhalb des größeren Kreises der Gattung Fortunella stellen 2 Untergattungen dar. Die Namen der Bastarde zwischen 2 Gattungen sind von Rechtecken umgeben, wenn der eine der Eltern zur Gattung Fortunella gehört, von Ovalen, wenn dies nicht der Fall ist. Die Namen der Bastarde zwischen Arten, die zu 3 Gattungen gehören, sind von Dreiecken umrandet, wenn Arten der Gattung Fortunella am Zustandekommen des Bastards beteiligt gewesen sind, von einem Dreieck mit einem Kreis an jeder Seite dort, wo Fortunella nicht beteiligt ist. Zufallssämlinge, bei denen der Vater nicht sicher bekannt ist, sind von gepunkteten Linien umgeben. (Nach W. T. SWINGLE)

sine, die Mandarine und die Pampelmuse gehören, mit den Arten von 4 verwandten Gattungen ergeben. Die Abb. 70, die nur eine Übersicht über die Gattungsbastarde gibt, zeigt, daß nicht nur die reinen Arten sondern auch bereits die Bastarde durch weitere Kreuzung stark an der Entstehung einer großen Zahl von neuen Kulturformen beteiligt sind.

Verschiedene einheimische Obstarten gehen gleichfalls auf Kreuzung zwischen verschiedenen Arten zurück: Apfel- und Birnensorten sowie Kulturjohannisbeeren sind das Produkt der Bastardierung einer größeren Zahl von Wildarten miteinander. Vor allem aber ist die Artkreuzung in vielen Fällen die entscheidende Ursache der Formenmannigfaltigkeit und Farbenfreudigkeit unserer Gartenzierpflanzen. So entstanden aus der Kreuzung zwischen 2 Tabakarten gefüllt blühende Nachkommen. Die bekannten bunten Gartenpetunien, *Petunia hybrida*, stammen von der weißblumigen *P. nyctinaginiflora* und der rosavioletten *P. violacea* ab. In unseren Gartenverbenen stecken sogar 3 bis 4 Wildarten, das gleiche trifft für die Gartenstiefmütterchen zu. Die Gartenaurikeln sind Bastardformen zwischen der Wildaurikel, *Primula auricula*, und der behaarten Primel, *P. hirsuta*, und die bunten Frühlingsprimeln, *P. anglica*, unserer Gärten verdanken ihren Formen- und Farbenreichtum der Kreuzung zwischen der Erdprimel, *P. vulgaris*, und der Frühlingsprimel, *P. veris*. Aus der Kreuzung zwischen zahlreichen anderen Primelarten ist ebenfalls eine Fülle beliebter Zuchtsorten hervorgegangen. Bei Phlox, Pfingstrosen, bei Lilien, Narzissen und Iris hat die Artkreuzung ebenfalls zur Entstehung neuer Kultursorten geführt.

Die wenigen Beispiele, die wir hier anführen konnten, zeigen uns, daß neben der Genmutation auch die Kreuzung zwischen gemischten verschiedenen Formen — seien dies nun Sippen, Rassen oder Arten — eine bedeutende Rolle sowohl für die Entstehung wie für die Verbesserung und die Vereinigung von Kulturpflanzenmerkmalen gespielt hat und auch heute noch spielt.

Chromosomenmutationen als wirksame Faktoren bei der Entstehung von Kulturpflanzenmerkmalen

Es ist uns heute bekannt, daß zahlreiche Eigenschaften, die wir ursprünglich ihres erblichen Verhaltens wegen als Folgen von Genmutationen betrachteten, in Wirklichkeit auf Chromosomenmutationen zurückgehen, auf Änderungen im Bau der Chromosomen, der Träger der Erbanlagen. Diese Veränderungen sind mannigfacher Art, sie bestehen im Verlust oder in der Verdoppelung von Chromosomenteilen und den auf diesen gelegenen

Erbanlagen, sie beruhen in anderen Fällen auf einer Abänderung der Reihenfolge der Erbanlagen auf dem Chromosom oder auf der Übertragung von Bruchstücken von Chromosomen auf ein anderes Chromosom. Diese Chromosomenmutationen können, wie Abb. 37 zeigt, sehr bedeutende Veränderungen im Erscheinungsbild der Pflanze verursachen, und zwar Veränderungen, wie sie uns als Eigentümlichkeiten bestimmter Sorten oder gar Arten bekannt sind. Gerstenmutanten mit kurzem Stroh und aufrechter, gedrungener Ähre, die in ihrem Bau bestimmten Sorten der Kulturgerste entsprechen, beruhen auf Austausch von Chromosomenstücken zwischen 2 verschiedenen Chromosomen, und es scheint, daß Chromosomenmutationen auch zur Entstehung mehrerer Weizenarten geführt haben.

Abb. 37. Chromosomenmutation beim Weichweizen, *Triticum aestivum*. Links: normale Ährenform der Sorte „Scandia"; Mitte: spelzähnliche Mutante der gleichen Sorte, durch Verdoppelung eines Chromosomenstückes entstanden; rechts: „compactoid"-(=Dickkopf-)Typ, zurückgehend auf Verlust eines Chromosomenstückes. (Nach McKay aus Kappert)

Wesen und Formen der Polyploidie

Wir sind in den vorhergehenden Abschnitten immer wieder auf die Tatsache gestoßen, daß der Riesenwuchs ein Wesensmerkmal aller Kulturpflanzen ist. Es gibt nun eine Veränderung der erblichen Konstitution der Pflanze, die fast stets zur Entstehung von Gigasmerkmalen führt, das ist die Polyploidie. Mit diesem Begriff, den wir wohl am treffendsten mit dem deutschen Worte Vervielfachung wiedergeben können, wird die Erscheinung bezeichnet, daß von den beiden gleichartigen Chromosomengarnituren, die jede Körperzelle einer höheren Pflanze enthält, ein Satz oder beide Sätze verdoppelt oder vervielfacht sind. Haben beide Sätze eine Vermehrung erfahren, so entstehen polyploide Pflanzen mit einer geraden Zahl von Chromosomensätzen. Solche Polyploiden mit 4, 6, 8 und mehr Chromosomensätzen sind fruchtbar und durch Samen zu vermehren (vgl. Abb. 5). Anders steht es mit den Polyploiden, die eine ungerade Zahl von Chromosomengarnituren besitzen. Diese Formen sind weitgehend oder gar völlig steril und nicht fähig, aus Samen eine gleichartige Nachkommenschaft hervorzubringen. Sie können jedoch eine Bedeutung bei solchen Kulturpflanzen erlangen, die vegetativ, das heißt durch Pfropfreiser, Ableger, Knollen, Wurzelstöcke oder Ausläufer vermehrt werden.

Wir unterscheiden ferner zwischen autopolyploiden und allopolyploiden Pflanzen. Als Autopolyploide bezeichnen wir solche Pflanzen, die durch Vermehrung der Chromosomenzahl einer reinen Art entstanden sind. Wir sprechen von Autopolyploidie allerdings auch dann, wenn sich die betreffenden Polyploiden von einem fruchtbaren Bastard zwischen verschiedenen Rassen einer Art oder gar verschiedener Arten herleiten. Allopolyploide entstehen dagegen dadurch, daß in einem sterilen Bastard zwischen verschiedenen Arten die Zahl der Chromosomen verdoppelt wird. Hierdurch werden die vorher unfruchtbaren Artbastarde wieder fertil und pflanzen sich mit allen ihren Eigentümlichkeiten durch Samen fort. Die Allopolyploiden sind in ihrem Wesen also konstant gewordene Artbastarde, die sich von ihren Elternarten so stark unterscheiden, daß sie den Charakter selbständiger Arten besitzen. Auch unter den Autopolyploiden gibt es Formen, die als eigene Arten angesehen werden — dies ist offenbar besonders dann der Fall, wenn sie sich von fruchtbaren Artbastarden herleiten — in den meisten Fällen sind sie jedoch nur als polyploide Rassen zu betrachten.

Die Feststellung, ob eine Pflanze polyploid ist und ob es sich um eine auto- oder eine allopolyploide Form handelt, kann mit Hilfe verschiedener Methoden der Erbforschung getroffen werden. So können wir heute durch die Untersuchung der Zahl, der Form und der Struktur der Chromosomen, durch die Analyse des erblichen Verhaltens einzelner Merkmale, durch Kreuzung der polyploiden

Formen mit ihren mutmaßlichen Eltern und anschließende Analyse des Verhaltens der Chromosomensätze in den Bastardpflanzen, vor allem aber durch die Wiederholung der Synthese der Polyploiden aus den Elternformen mit großer Sicherheit nicht nur Art und Grad der Polyploidie klarlegen, wir können darüber hinaus sogar sagen, aus welchen Elternarten eine allopolyploide Pflanze hervorgegangen ist.

Ähnlich wie in der Natur ständig Gen- und Chromosomenmutationen auftreten, entstehen hier spontan immer wieder auch polyploide Formen. Die Polyploidie ist daher eine im Pflanzenreich weit verbreitete Erscheinung. Bei uns in Mitteleuropa sind von den höheren Pflanzen 48,6% der Arten polyploid und 8,8% enthalten nicht polyploide und polyploide Rassen nebeneinander. Wesentlich höher noch als bei den Wildarten ist der Anteil der Polyploiden bei den Kulturpflanzen. Dies zeigt, daß die Polyploidie die Entstehung von Kulturpflanzenmerkmalen offenbar stark begünstigt.

Polyploide Kulturpflanzen

Mit Hilfe der verschiedenen von der Genetik entwickelten Untersuchungsverfahren hat man feststellen können, daß eine Reihe von wichtigen Kulturpflanzen autopolyploid ist. Hierher gehören unter anderem die Kartoffel, der Saathafer, die großfrüchtigen Ananaserdbeeren unserer Gärten, die Sauerkirsche, die Luzerne, verschiedene Sorten der Weinrebe, der Himbeere und der Brombeere, des Kaffeebaums und des Teestrauchs, die Dahlie sowie zahlreiche andere Arten und Sorten unserer Zierpflanzen. Autopolyploide Formen mit 3 gleichartigen Chromosomensätzen sind der Kalmus, der ja eine verwilderte Kulturpflanze ist, alle bekannten Kulturformen der Banane sowie zahlreiche wertvolle Apfel- und Birnensorten.

Nicht minder groß ist die Bedeutung der Allopolyploidie bei der Entstehung unserer Kulturpflanzen gewesen. So ist z. B unsere Hauszwetschge, *Prunus domestica*, mit 48 Chromosomen in ihren Körperzellen eine allopolyploide Art, an deren Entstehung die Schlehe, *Prunus spinosa*, mit 32 und die in Vorderasien heimische Kirschpflaume, *P. cerasifera*, mit 16 Chromosomen beteiligt gewesen sind. Der virginische Tabak, *Nicotiana tabacum* (48 Chromosomen), ist als synthetische Art aus der Kreuzung zwischen den Wildarten *N. sylvestris* (24 Chromosomen) und *N. tomentosa* (24 Chromosomen) hervorgegangen. Unser Raps, *Brassica napus*, mit seinen 38 Chromosomen hat sich gleichfalls durch Artkreuzung

Abb. 38. Blühende Pflanzen von Rübsen (links), Kohl (rechts) und ihrem allopolyploiden Bastard Raps (Mitte). Man beachte die starke Heterosis (= Bastardwüchsigkeit) des Rapses im Vergleich zu den Elternarten. (Umgezeichnet nach OLSSON aus MÜNTZING)

und nachfolgende Chromosomenverdoppelung gebildet. Die Ausgangsarten sind hier der Kohl, *B. oleracea* (18 Chromosomen) und der Rübsen, *B. campestris* (20 Chromosomen) (Abb. 38).

Die Pflanze, an der sich die Bedeutung der Allopolyploidie für die Artentstehung und für die Herausbildung zahlreicher Kulturformen besonders eindrucksvoll aufzeigen läßt, ist der Weizen. In dieser Gattung kennen wir Arten mit 14 Chromosomen, die sogenannte Einkorngruppe. Hierhin gehören das Einkorn, *Triticum monococcum*, und dessen wilde Ausgangsform, *T. boeoticum*. Die Arten einer zweiten Gruppe, die Emmerweizen, besitzen 28 Chromosomen. Diese Artengruppe umfaßt den Wildemmer, *T. dicoccocoides*, den Emmer, *T. dicoccum*, den Hartweizen, *T. durum*, den Rauhweizen, *T. turgidum* und einige weitere Arten. Endlich kennen wir noch Weizen mit 42 Chromosomen, die Dinkelweizen. Hierher gehören zwei Arten mit Spelzfrüchten, der Dinkel oder Spelz,

T. spelta und *T. macha*, sowie 2 Nacktweizen, *T. aestivum*, unser Saatweizen, und der indische Zwergweizen, T. *sphaerococcum*.

Auch beim Weizen konnten im Erbversuch die Entstehung und die verwandtschaftlichen Beziehungen der einzelnen Artengruppen klargelegt werden. Die Einkorngruppe besitzt einen Satz von 7 Chromosomen, der in den Körperzellen zweimal vorhanden ist, man bezeichnet ihn als Chromosomensatz A. Die 28-chromosomigen Emmerweizen haben 2 verschiedenartige Sätze von je 7 Chromosomen, einmal den Chromosomensatz A der Einkorngruppe, dazu aber noch eine weitere Chromosomen-

Übersicht über die Verwandtschaftsverhältnisse der Weizenarten
(nach E. SCHIEMANN)

	Einkornreihe 14 Chromosomen Chromosomensatz (Genom) AA	*Emmerreihe* 28 Chromosomen Chromosomensatz (Genom) AABB	*Dinkelreihe* 42 Chromosomen Chromosomensatz (Genom) AABBDD
Wildform	Wildeinkorn *Triticum* *boeoticum*	Wildemmer *T. dicoccoides* (*T. Timopheevi*) AAGG	
Spelzweizen	Kultureinkorn *T. monococcum*	Emmerweizen *T. dicoccum*	Dinkel oder Spelz *T. spelta* *T. macha*
Nacktweizen		Hartweizen *T. durum* Rauhweizen *T. turgidum* *T. orientale* *T. polonicum* *T. carthlicum*	Gewöhnlicher Weichweizen *T. aestivum* Indischer Zwergweizen *T. sphaero-* *coccum*

garnitur B. Die 42-chromosomigen Dinkelweizen endlich führen außer diesen beiden Sätzen A und B noch einen dritten Chromosomensatz D.

Auf Grund zahlreicher genetischer und zytologischer Untersuchungen hat man von der Entstehung der 3 Weizengruppen heute die folgende Vorstellung entwickelt: Aus der Kreuzung von Wildeinkorn mit einem anderen Wildgras, das den Chromosomensatz B besaß — vermutlich entweder *Agropyron triticeum* oder *Aegilops speltoides* — und nachfolgende Verdoppelung der Chromosomenzahl im Bastard, entand der Wildemmer, und aus diesem haben sich dann durch Genmutation, zum Teil auch durch Chromosomenmutation die verschiedenen Arten der Emmerreihe

entwickelt. Aus einer Kreuzung von Wild- oder Kulturemmer mit einer Art der Gräsergattung *Aegilops* mit dem Chromosomensatz D und anschließender Polyploidie sind dann endlich die 42-chromosomigen Dinkelweizen entstanden (Abb. 40).

Diese Annahme konnte zum Teil bereits durch die experimentelle Synthese bestätigt werden. Amerikanische Forscher kreuzten den Wildemmer mit *Aegilops squarrosa*, einer 14-chromosomigen Wildart, die den Chromosomensatz D besitzt, und behandelten dann die ent-

Abb. 39. Ähren von charakteristischen Vertretern der drei Weizenreihen. Von rechts nach links: Einkorn (14 Chromosomen), Emmer (28 Chromosomen), Saatweizen (42 Chromosomen). (Nach Schwantz)

standenen Bastardpflanzen mit Colchicin, um den Chromosomensatz des Bastards zu verdoppeln. Es gelang, auf diese Weise eine fruchtbare Pflanze mit 42 Chromosomen zu erhalten, die in ihren Körperzellen die Chromosomensätze A, B und D in doppelter Anzahl enthielt. Dieser synthetisch neu erhaltene Weizen glich nun im Aussehen weitgehend dem Spelz und gab bei Kreuzung mit ihm eine fruchtbare Nachkommenschaft. Damit darf die oben angeführte Anschauung über die Entstehung der Weizenarten, vor allem die der Dinkelweizen, als gesichert gelten.

Während wir in der Einkorn- wie auch in der Emmerreihe Wildarten kennen, aus denen sich die Kulturformen durch Genmutation

entwickelt haben, ist bei den Dinkelweizen eine derartige wilde
Ausgangsform nicht vorhanden. Die Ergebnisse des soeben geschilderten Versuchs zur Synthese des Dinkelweizens machen dies
verständlich. Hier ist aus der Kreuzung zwischen Wildemmer und

Abb. 40. Abbildung von Ähren, Ährchen und Früchten der Arten, die in
unserem Dinkelweizen vereinigt sind. Von links nach rechts: Einkorn,
Triticum monococcum (Chromosomensatz A), Weizenquecke, *Agropyron triticeum*
(Chromosomensatz B), *Aegilops squarrosa* (Chromosomensatz D). (Nach
McKay aus Kappert)

einer wilden Aegilopsart eine allopolyploide neue Form entstanden, die mit einer alten Kulturpflanze, dem Spelz, weitgehend
übereinstimmt. Aus der Kreuzung zweier Wildarten ist hier also
unmittelbar eine Kulturpflanze entstanden. Wir dürfen annehmen,
daß die Entstehung des Dinkelweizens in der Vorzeit sich ähnlich
vollzogen hat, und es ist daher nicht verwunderlich, daß wir in
dieser Weizenreihe keine Wildform kennen.

Die Überlegenheit der Polyploiden als Kulturpflanzen

Ist so durch die Allopolyploidie aus 2 Wildarten unvermittelt
eine hochwertige Kulturpflanze entstanden, so wurde in anderen
Fällen der Wert der Pflanze durch die Polyploidie zum mindesten
sehr verbessert. Der virginische Tabak ist eine weitverbreitete

Kulturpflanze, ihre nicht polyploiden Ausgangsformen sind halb-
wilde Arten, die wirtschaftlich gar keine Bedeutung besitzen.

Hafer und Weizen bieten uns ein anschauliches Bild von der
Steigerung, die der Wert unserer Kulturpflanzen durch die Poly-
ploidie erfahren kann. Beim Hafer ist nur der 42-chromosomige
Saathafer, *Avena sativa*, als wichtige Kulturpflanze über die ganze
Welt verbreitet. Beim Weizen ist das nicht polyploide Einkorn

Abb. 41. Erdbeerarten verschiedener Polyploidiestufe, die als Kulturformen
eine Rolle gespielt haben oder noch spielen. Von links nach rechts: Monats-
erdbeere = Kulturform der Walderdbeere, *Fragaria vesca* (14 Chromosomen),
Moschuserdbeere, *F. moschata* (42 Chromosomen), Ananaserdbeere (*F. grandiflora*, 56 Chromosomen). Beachte die Steigerung der Fruchtgröße mit zuneh-
mendem Polyploidegrad.

eine primitive ertragsarme Kulturform, die zum sicheren Aus-
sterben verurteilt ist und nur noch in wenigen landwirtschaftlich
rückständigen Gegenden angebaut wird. Die Arten der Emmerreihe mit 28 Chromosomen in den Körperzellen zeigen bereits
eine wesentlich höhere Variabilität, eine bessere Anpassungs- und
Leistungsfähigkeit. Dies hat dazu geführt, daß die Arten dieser
Weizengruppe im Mittelmeergebiet sowie in Gegenden mit einem
ähnlich warmen Klima weit verbreitet sind. Der Höhepunkt der
Formenmannigfaltigkeit wird beim Weizen allerdings erst bei den
42-chromosomigen Dinkelweizen erreicht, die in den gemäßigten
Zonen eine weltweite Verbreitung erlangt haben und zu unseren
wichtigsten Kulturpflanzen gehören (Abb. 39).

Bei verschiedenen Zierpflanzen zeigt sich besonders eindrucksvoll die Verdrängung der nicht polyploiden Pflanzen durch

Formen mit immer höherer Polyploidiestufe. Von den Narzissen kannten wir bis 1885 nur nichtpolyploide Sorten. Um diese Zeit gingen aus ihnen die ersten Sorten mit 3 Chromosomensätzen hervor, die infolge ihrer größeren Blüten rasch die nichtpolyploiden Ausgangsformen verdrängten, bis sie selbst wieder von den um 1900 entstandenen noch stattlicheren Sorten mit 4 Chromosomensätzen ersetzt wurden. Ähnlich liegen die Verhältnisse bei den Gartenhyazinthen. Bei der Garteniris ging die Verdrängung der nichtpolyploiden Sorten durch die polyploiden besonders rasch vor sich. In Großbritannien waren um 1915 erst 33 % der Hybridensorten polyploid, im Jahre 1920 waren es 45 %, im Jahre 1930 etwa 75 %, und um 1940 beherrschten die Polyploiden bereits allein das Feld. Beim Gartenrittersporn setzte die Entstehung einer großen Fülle hervorragender Zuchtsorten erst um die Jahrhundertwende mit dem Auftreten der ersten allopolyploiden Artbastarde ein. Zahlreiche andere Gartenzierpflanzen, so die Petunien, der Krokus, die Alpenveilchen und die Primeln — um nur einige Beispiele zu erwähnen — enthalten eine größere Anzahl von hochwertigen großblumigen autopolyploiden Zuchtsorten.

Alle diese Beobachtungen an einzelnen Arten oder Gattungen werden bestätigt durch eine Untersuchung, die an den 30 wichtigsten Weltwirtschaftspflanzen vorgenommen wurde. Man berechnete hier die Weltproduktion an Kohlenhydraten, Fett und Eiweiß getrennt für die diploiden und polyploiden Arten. Dabei zeigte sich ganz eindeutig, daß die polyploiden Kulturpflanzen den Nichtpolyploiden in der Produktion an wichtigen Nährstoffen weit überlegen sind.

Die Ursachen für die höhere Leistungsfähigkeit der Polyploiden

Hier drängt sich uns die Frage nach den eigentlichen Gründen dieser Vorzugstellung auf, die die polyploiden Kulturpflanzen offensichtlich gegenüber den nicht polyploiden Pflanzen besitzen. Zunächst dürfte es schon der Gigaswuchs der Polyploiden an und für sich sein, durch den in vielen Fällen der Wert der betreffenden Pflanzen für den Menschen erhöht wird. So ist sicherlich bei den Zierpflanzen die durch die Polyploidie verursachte Steigerung der

Größe und der Leuchtkraft der Blüten die entscheidende Ursache für die Auslese und die Bevorzugung der polyploiden Formen gewesen (Abb. 42). Die Vergrößerung der Früchte und Samen muß ebenfalls als eine dem Menschen sehr erwünschte Folge der Polyploidie angesehen werden. Hinzu kommt noch, daß die Verdoppelung der Chromosomenzahl in manchen Fällen offenbar gleichzeitig auch zu einer Erhöhung der Erträge geführt hat und

Abb. 42. Vergrößerung der Blüte und Zunahme der Zahl der Blütenblätter (= beginnende Neigung zur Ausbildung „gefüllter" Blüten) als Folge der Verdoppelung der Chromosomenzahl bei der anatolischen Kirschpflaume, *Prunus cerasifera* links diploide, rechts tetraploide Blüte (Nach MURAWSKI und BLASSE)

daß vor allem, wie wir oben gesehen haben, der durch die Polyploidie verursachte Gigaswuchs häufig mit einer Verbesserung der Qualität der Ernteprodukte Hand in Hand geht.

Wichtiger als diese unmittelbare Wirkung der Polyploidie durch die Erzeugung von Gigasmerkmalen ist die durch Vermehrung der Zahl sämtlicher Erbanlagen bedingte Ausweitung der Leistungsfähigkeit der Pflanzen durch die Polyploidie. Durch Verdoppelung oder Vervielfachung der Chromosomensätze bei Autopolyploiden werden in entsprechendem Maße die einzelnen Chromosomen und damit alle auf diesen gelegenen Erbanlagen vermehrt. Nun haben viele, ganz besonders aber solche Erbanlagen, von denen die Leistungen der Pflanze, etwa der Ertrag oder die Qualität abhängen, eine quantitative Wirkung, das heißt, die Wirkung der einzelnen Erbanlagen summiert sich. Je mehr Erbanlagen in einer auf die Ausbildung des betreffenden Merkmals

günstig einwirkenden Form vorhanden sind, umso vorteilhafter
wird die Ausbildung der von ihnen bestimmten Eigenschaft, um so
besser ist damit auch die Leistungsfähigkeit der Pflanze. Die
größere Anzahl an Erbanlagen, die wir bei Polyploiden antreffen,
macht es diesen möglich, Leistungssteigerungen zu erzielen, die bei
nicht polyploiden Pflanzen niemals möglich wären.

Abb. 43. Die Formen- und Farbenfülle bei der Gartendahlie *(Dahlia variabilis)*
als Folge von hochgradiger Polyploidie und Artkreuzung. Oberste Reihe:
Dahlia Merkii (links) und *D. coccinea* (rechts), zwei Vertreter der beiden
Gruppen von 32-chromosomigen Arten, aus deren Kreuzung die große Fülle
der Sorten der 64-chromosomigen Gartendahlien (die beiden unteren Reihen)
hervorgegangen ist

Ein Beispiel, das uns diese Vorstellung anschaulich machen
kann, bieten die Petunien. Die großblumigsten Sorten der Garten-
petunie sind sämtlich polyploid. Die Blütengröße hängt hier von
einer Erbanlage ab, die offenbar kumulativ wirkt. Je mehr Erbanlagen für Großblumigkeit also in einer Pflanze vorhanden sind,
umso größer werden deren Blüten. Da in Polyploiden sehr viel
mehr Anlagen für Großblumigkeit vereinigt werden können als
in Diploiden, können die polyploiden Pflanzen eine Blütengröße
erreichen, die die der besten diploiden weit hinter sich läßt.

Wir sehen ferner an vielen Beispielen (vgl. Abb. 43), wie sehr
die Polyploidie die Variabilität der Pflanzen erhöhen kann, eine

starke Variabilität aber ist, wie wir gesehen haben, gerade ein typisches Merkmal der Kulturpflanzen. Die Polyploidie liefert so dem Menschen eine größere Anzahl von verschiedenartigsten Varianten, sie ermöglicht vor allem aber sehr viel stärkere Ausbildung aller Merkmale als dies bei diploiden Pflanzen jemals der Fall sein kann, und damit steigt auch die Aussicht, besonders günstige und leistungsfähige Kombinationen aufzufinden.

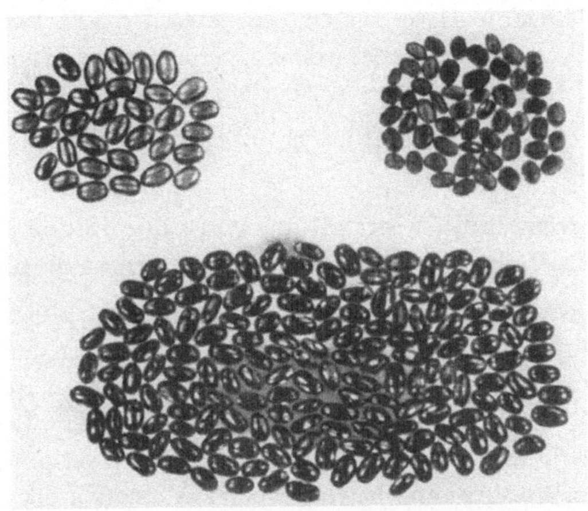

Abb. 44. Heterosis (= Bastardwüchsigkeit). Kornertrag von zwei Bohnensorten (oben) und von dem aus ihrer Kreuzung hervorgegangenen Bastard. (Nach QUADT)

In der modernen Pflanzenzüchtung spielt die „Heterosis", die „Bastardwüchsigkeit", eine sehr wichtige Rolle. Wir bezeichnen mit diesem Begriff die Erscheinung, daß bei Kreuzung von erblich stark verschiedenen Linien, Rassen oder gar Arten die Pflanzen der ersten Bastardgeneration die Eltern in der Wüchsigkeit, in der Zahl und Größe der gebildeten Blüten, Früchte und Samen, in der Frühreife und in anderen wirtschaftlich wichtigen Eigenschaften übertreffen (Abb. 44). Bei Autopolyploiden kann nun der Heterosiseffekt sehr viel größer sein als bei nicht polyploiden Pflanzen, und es ist wahrscheinlich, daß bei Pflanzen, die nur vegetativ vermehrt werden, wie bei der Kartoffel, den Erdbeeren und den meisten Kernobstarten die durch Polyploidie gesteigerte Heterosis eine wichtige Ursache der hohen Leistungsfähigkeit ist.

Eine große Rolle spielt die Heterosis sicherlich bei den Allopolyploiden. Allopolyploide sind, wie wir sahen, konstante Bastarde zwischen verschiedenen Arten, die verwandtschaftlich so weit voneinander entfernt sind, daß sie miteinander keine fruchtbaren Bastarde bilden können. Diese starke Verschiedenartigkeit aber fördert wieder die Herausbildung von Bastardwüchsigkeit. Andererseits führt die Tatsache, daß die Allopolyploiden völlig oder doch wenigstens weitgehend erblich konstante Formen sind, dazu, daß hier die Heterosis erblich fixiert ist. Die Vereinigung günstiger Anlagen der verschiedenartigen Elternarten endlich mag häufig noch ein weiterer wesentlicher Grund für die hohe Leistungsfähigkeit allopolyploider Formen als Kulturpflanzen sein.

Die experimentelle Herstellung von Polyploiden und die wirtschaftliche Bedeutung dieser „neuen" Polyploiden

In der praktischen Pflanzenzüchtung waren polyploide Formen spontan immer wieder aufgetreten und besonders von den Blumenzüchtern infolge ihrer größeren und farbenfroheren Blüten ausgelesen und als neue Zuchtsorten vermehrt worden, ohne daß sie von der besonderen erblichen Eigenheit dieser großblumigen Neuzüchtungen eine Ahnung hatten. Auch aus Vererbungsversuchen gingen gelegentlich Polyploide hervor. So entstand im Botanischen Garten in Kiew aus einem völlig sterilen Bastard zwischen den Primelarten *Primula verticillata* und *P. floribunda* durch spontane Verdoppelung der Chromosomenzahl die fruchtbare allotetraploide neue Art *Primula kewensis*. Einer spontanen Verdoppelung der Chromosomenzahl in einem sterilen Bastard zwischen Weizen und Roggen verdankt auch der 1889 entstandene Rimpausche Weizen-Roggen-Bastard sein Dasein (Abb. 45).

Als später festgestellt wurde, daß zahlreiche Kulturpflanzen polyploid sind, und als man ferner zu erkennen glaubte, daß die hervorragenden Eigenschaften vieler Kulturpflanzen gerade auf dieser Polyploidie beruhten, versuchte man immer wieder, durch Einwirkung verschiedenster Mittel — vor allem von Temperaturschocks und von Chemikalien — künstlich Polyploidie auszulösen, um so leistungsfähigere Sorten von unseren verschiedenen Kulturpflanzen zu erhalten. Das Ergebnis aller dieser Bemühungen war

wenig befriedigend. Erst als von BLAKESLEE und AVERY die poly-
ploidieauslösende Wirkung des Colchicins entdeckt wurde, hatte
man eine Methode an der Hand, die es ermöglichte, Pflanzen in
beliebiger Menge polyploid
zu machen.

Die großen Erwartungen,
die die Pflanzenzüchtung
auf dieses neue Züchtungs-
verfahren setzte, wurden zunächst jedoch nicht erfüllt.
Die „neuen" Polyploiden
erwiesen sich keineswegs
als leistungsfähiger als ihre

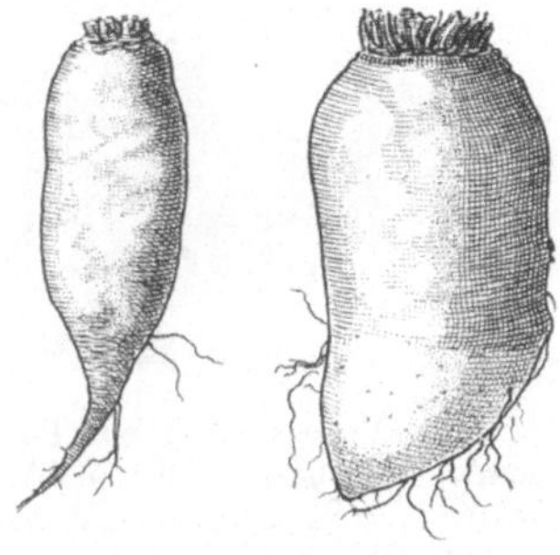

<table>
<tr><td>Abb. 45</td><td>Abb. 46</td></tr>
</table>

Abb. 45. Der allopolyploide Weizen-Roggenbastard von Rimpau, *Triticale
Rimpau*, zwischen den Elternarten: Weizen *(Triticum aestivum)* und Roggen
(Secale cereale)

Abb. 46. Nicht polyploide Stoppelrübe, *Brassica campestris var. rapifera*
(links), und Rübe der gleichen Sorte mit verdoppelter Chromosomenzahl.
(Nach LEVAN aus MÜNTZING)

diploiden Ausgangsformen. Es stellte sich vielmehr heraus, daß
die neugewonnenen Polyploiden in der Regel nur als Ausgangsmaterial für weitere züchterische Arbeiten betrachtet werden
dürfen. Als solches aber bieten sie dem Züchter die Möglichkeit,
durch Kreuzung und fortgesetzte planmäßige Auslese sehr
wertvolle neue Zuchtstämme zu gewinnen. Obgleich die Herstellung von Polyploiden in der Pflanzenzüchtung erst seit kurzer

Zeit betrieben wird, kann sie heute bereits eine Reihe von Erfolgen verzeichnen. So konnten bei Luzerne wie bei verschiedenen Kleearten autopolyploide Sorten geschaffen werden, die einen bis zu 20% höheren Ertrag hatten als ihre nicht polyploiden Ursprungsformen. Bei Rotklee war überdies der Futterwert der Poly-

Abb. 47. Verbesserung von Polyploiden durch die Züchtung. Bild einer der ersten, um 1928 aus den USA. nach Deutschland eingeführten polyploiden Sorten der Fliederprimel, *Primula malacoides*, welche sehr deutlich die sehr geringe Blühfreudigkeit zeigt, die für neuentstandene Polyploide charakteristisch ist (links). Daneben reichblütige polyploide Zuchtform von heute. Die Abbildung zeigt sehr anschaulich, wie sich ursprünglich durch die Polyploidie entstandene ungünstige Eigenschaften durch planmäßige Züchtung völlig beseitigen lassen. (Nach BÖHNERT und MÜHLENDYCK)

ploiden erhöht, weil diese von einer für die Ernährung der Tiere notwendigen Aminosäure, die bei dem nicht polyploiden Klee nur in kaum nachweisbaren Spuren vorhanden war, größere Mengen besaßen. Eine bedeutende Verbesserung des Ertrages konnte durch die Polyploidie ferner bei Stoppelrüben (Abb. 46) und vor allem bei Zuckerrüben erzielt werden. Bei polyploidem Roggen, dessen Erträge zunächst weit unter denen der nicht polyploiden Sorten lagen, konnte durch fortgesetzte Auslese die Fruchtbarkeit soweit erhöht werden, daß wir heute polyploide Roggensorten besitzen, die den nicht polyploiden Ursprungssorten bereits ebenbürtig, ja überlegen sind. Vor allem aber sind von einer Reihe von Gartenzierpflanzen bereits polyploide Formen im Handel, welche die nicht polyploiden Sorten nicht nur in der Blütengröße und in der Intensität der Blütenfarbe weit in den Schatten stellen, sondern

Abb. 48. Höherer Ertrag bei polyploider Pfefferminze, *Mentha piperita*. Rechts: Pflanzen der nicht polyploiden Sorte „Mitcham"; links: Bestand eines polyploiden Zuchtstammes. (Nach G. BECKER)

auch in der Blühfreudigkeit und in der Blütenzahl nicht hinter diesen zurückbleiben (Abb. 47, vgl. Abb. 3).

Auch die Herstellung von Allopolyploiden ist heute bereits ein wichtiges Hilfsmittel der Pflanzenzüchtung geworden. Es sei hier nur an die zahlreichen allopolyploiden Weizen-Roggen-Bastarde oder an die wirtschaftlich als Futterpflanzen bereits wichtig gewordenen Weizen-Qecken-Bastarde erinnert. In der Loganbeere und der Veitchbeere haben wir zwei neue wertvolle Allopolyploide zwischen Himbeeren und Brombeeren, von denen sich bereits andere hochwertige allopolyploide Beerenobstsorten wie die kern- und stachellose Youngbeere und die Laxtonbeere ableiten. Günstige Ergebnisse können aber auch durch die Wiederholung der Herstellung alter allopolyploider Kulturpflanzen erhalten werden. Die ursprüngliche Synthese ist hier wohl in der Regel durch Kreuzung von Wildarten oder sehr primitiven Kulturformen erfolgt. Es liegt auf der Hand, daß dann, wenn man derartige Allopolyploide aus hochgezüchteten Sorten der gleichen

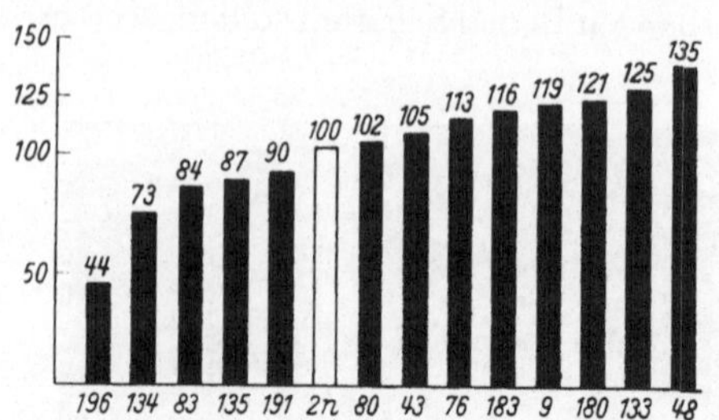

Abb. 49. Unterschiede im Gehalt an ätherischem Öl bei verschiedenen polyploiden Zuchtstämmen der Pfefferminze (schwarze Säulen) im Vergleich zu der nicht polyploiden Sorte „Mitcham" (weiße Säule). (Nach G. BECKER)

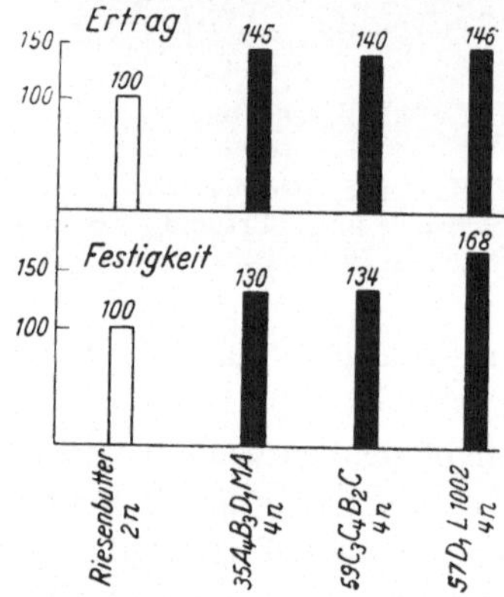

Abb. 50. Ertrag und Festigkeit der Knollen bei 3 polyploiden Zuchtstämmen von Radieschen (*Raphanus raphanistrum L. var. radicula Pers.*) im Vergleich zu der nicht polyploiden Sorte „Riesenbutter". (Nach G. BECKER)

Arten neu aufbaut, bedeutende Verbesserungen der Leistungsfähigkeit gegenüber den „alten" allopolyploiden Kulturformen erzielt werden können. So übertrifft z. B. ein aus einer Kreuzung zwischen guten Rübsen- und Kohlsorten und anschließende Verdoppelung der Chromosomenzahl erhaltener „synthetischer Raps" die „alten" Rapssorten im Ertrag und in der Winterhärte. Auch bei Allopolyploiden können ursprünglich unzureichende Leistungen durch eine längere Zeit hindurch fortgesetzte Auslese bedeutend verbessert werden. Die erwähnte Kew-Primel, *P. kewensis*, hatte ursprünglich nur geringen Wert als Zierpflanze. Durch planmäßige Selektion ist die Pflanze heute soweit veredelt, daß von ihr bereits mehrere Zuchtsorten vorhanden sind.

Die Polyploidie hat für die Züchtung allerdings einen Nachteil. Infolge der vermehrten Zahl von Erbanlagen bedarf es einer sehr viel größeren Pflanzenzahl und einer erheblich längeren Zeit, um durch Auslese zu der erwünschten Vereinigung günstiger Erbanlagen und damit zu

94

hohen Leistungen zu kommen. Dieser Nachteil aber wird dadurch vollständig ausgeglichen, daß bei den Polyploiden mit Hilfe ständiger Auslese Leistungen erzielt werden können, die nicht polyploide Pflanzen niemals zustandebringen können. Diese Möglichkeit, mehr vorteilhafte Erbanlagen in einer Pflanze zu vereinigen, aber dürfte, wie schon erwähnt, die Ursache für die Überlegenheit der Polyploiden gegenüber den diploiden Gigaspflanzen sein.

Weitere Mutationsvorgänge, die bei der Entstehung von Kulturpflanzenmerkmalen eine Rolle spielen können

Wie alles Lebende ständig erblichen Veränderungen unterworfen ist, so bleiben auch polyploide Pflanzen nicht immer so erhalten, wie sie bei ihrer Entstehung beschaffen waren. Genmutationen und Veränderungen des Chromosomenbaues treten auch bei ihnen auf, vor allem aber spielt die Aneuploidie, der Verlust oder die Vermehrung einzelner Chromosomen oder Chromosomenpaare bei polyploiden Formen eine Rolle. Es hat sich nun herausgestellt, daß verschiedene wichtige Kulturpflanzen derartige Aneuploide sind. Hier sind vor allem unsere Kernobstarten, die Äpfel, Birnen und Quitten zu nennen. Sie alle besitzen 17 Chromosomen in der Geschlechtszelle. Die Untersuchung des Verhaltens der Chromosomen bei der Bildung der Geschlechtszellen aber hat ergeben, daß die ursprüngliche Chromosomenzahl dieser Arten 7 gewesen ist. Von diesen 7 Chromosomen sind 3 verdreifacht, die anderen verdoppelt. Aneuploide Pflanzen sind auch der Weizen und der Reis, deren Grundchromosomenzahl nicht 7 oder 12 sondern 5 ist. Beim Kohl, der 9 Chromosomen in seinen Geschlechtszellen hat, ist die eigentliche Grundzahl 6, 3 Chromosomen sind hier doppelt vorhanden, und endlich ist auch der Lein aus einer noch unbekannten Art durch Verlust eines Chromosoms hervorgegangen.

Bei allen diesen Aneuploiden handelt es sich um Kulturpflanzen, die wirtschaftlich eine bedeutende Rolle spielen. Von ihnen allen kennen wir weder polyploide noch nicht polyploide Ausgangsformen. Wir müssen daher annehmen, daß diese Aneuploiden sowohl im Daseinskampf erfolgreicher wie auch als Ausgangsformen für die Entstehung von Kulturpflanzen vorteilhafter gewesen sind als ihre Ursprungsarten mit vollständigen Chromosomensätzen. Wertvolle aneuploide Sorten sind uns bei unseren Kulturpflanzen sonst noch vom Zuckerrohr, der Banane, von Hyazinthen und vom Wiesenrispengras her bekannt.

Endlich dürfte auch den im Plasma gelagerten Erbfaktoren ein Einfluß auf die Eigenschaften und Leistungen der Kulturpflanzen zukommen. So konnte gezeigt werden, daß die Eigenschaften, von denen der Ertrag der Pflanzen abhängt, von plasmatischen Faktoren gesteuert werden, und auch die Heterosis, die Bastardwüchsigkeit, kann offenbar mit durch die genetische Eigenart des Plasmas bestimmt werden. Wir werden also bei der Betrachtung der erblichen Kräfte, welche die Entstehung der Kulturpflanzen herbeigeführt haben, auch die im Plasma gelagerten Erbeinheiten nicht ganz außer Betracht lassen dürfen.

3. Der Einfluß der Umwelt auf die Entstehung der Kulturpflanzen

Natürliche und künstliche Auslese

Die Kulturpflanze ist das Werk der Pflanzenzüchtung. Diese aber dürfen wir nach einem Ausspruch des bekannten russischen Botanikers VAVILOV als eine Einmischung des Menschen in die Formentstehung der Pflanzen ansehen, als einen Teilvorgang der stammesgeschichtlichen Entwicklung, der vom Willen des Menschen gelenkt wird. Ähnlich wie in der Natur die erbliche Konstitution der Pflanze einem ständigen Wechsel unterworfen ist, wie dort ständig neue Varietäten und Arten entstehen, so verändert sich die Pflanze auch in der Hand des Menschen. Aus Wildarten entstehen Kulturformen, diese wandeln sich, ihre Formenmannigfaltigkeit wächst, ihre Leistungen werden größer und verschiedenartiger, und so entfernen sie sich immer mehr von ihren wilden Ausgangsformen, so daß schließlich ganz neue Pflanzen da sind, deren Abstammung mitunter nur noch schwer zu bestimmen ist.

Beide Vorgänge, die Artbildung in der Natur und die Umzüchtung von Wildformen in wirkliche Kulturpflanzen, beruhen auf den gleichen biologischen Grundvorgängen, einmal auf der Entstehung einer großen Formenfülle durch die verschiedensten

Mutationsprozesse und zum anderen auf einer Verminderung dieser Formenmannigfaltigkeit durch die Auslese.

Die eine dieser beiden Kräfte, die Fähigkeit zu „mutieren", ist die Grundlage sowohl der stammesgeschichtlichen Entwicklung in der Natur wie auch der Entstehung neuer vollkommenerer Formen in der Pflanzenzüchtung. Der Unterschied zwischen der natürlichen und der vom Menschen gesteuerten Entwicklung beruht ausschließlich auf der verschiedenen Art der Auslese. Die Auslese in der freien Natur bewirkt, daß von neuentstandenen Mutanten nur solche erhalten bleiben, die den Anforderungen gewachsen sind, welche Klima, Boden und der natürliche Wettbewerb um Lebensraum und Nahrung an sie stellen. Die Folge dieses Selektionsvorganges ist das Angepaßtsein der Pflanzen an die Lebensverhältnisse einer ganz bestimmten natürlichen Umwelt.

Auch die Kulturpflanzen sind den Einwirkungen ihrer Umgebung ausgesetzt, auch sie werden von Frost und Dürre, von Pflanzenkrankheiten und von Tierfraß bedroht. Der Mensch hat jedoch dafür gesorgt, daß die ihm nützlichen Pflanzen vor allzu großen Unbilden geschützt werden, er hat durch Bodenbearbeitung und durch Düngung, durch Regelung der Wasserversorgung und durch Aufhebung des Konkurrenzkampfes sowie durch Schutz vor Pflanzenkrankheiten und tierischen Schädlingen eine künstliche Umwelt geschaffen, in der die Pflanze mehr gefördert wird, in der vor allem aber weniger harte Anforderungen an sie gestellt werden, als dies in der freien Natur der Fall ist. Die natürliche Auslese ist daher bei der Kulturform nicht so scharf wie bei der Wildpflanze.

Zu dieser Milderung des Daseinskampfes kommt aber als weitere wirksame Kraft noch die künstliche Auslese durch den Menschen hinzu, deren Bedeutung für die Entstehung der Kulturpflanzen bereits CHARLES DARWIN erkannt hat. Während die natürliche Auslese bewirkt, daß nur lebenskräftige, dem „Kampf ums Dasein" gewachsene Organismen erhalten bleiben und zur Fortpflanzung kommen, sorgt der Mensch mit Hilfe der künstlichen Auslese dafür, daß bei den ihm nützlichen Pflanzen die wertvollen Merkmale verstärkt und verbessert werden. Er steigert also alle die Eigenschaften, welche ihm die Pflanze wertvoll erscheinen lassen (Abb. 51). Auf der anderen Seite wird auch der Bau und der

Entwicklungsrhythmus der Pflanze so verändert, daß sie für den Anbau besonders geeignet ist. Auf diese Weise wird wohl der Wert der Pflanze für den Menschen gesteigert, der Erhaltung im Daseinskampf in der freien Natur jedoch sind die meisten dieser Eigenschaften abträglich. Die Kulturpflanzen sind daher in der Regel ohne die beständige Hilfe des Menschen nicht mehr fähig, sich zu behaupten und fortzupflanzen. Dies bewirkt ja schon der Verlust der natürlichen Verbreitungs- und Schutzmittel, der für die Kulturpflanze charakteristisch ist. Aber auch zahlreiche andere typische Merkmale der Kulturpflanzen, wie die Zartheit der Blätter und die Ausbildung fleischiger Wurzeln bei vielen Salat- und Gemüsepflanzen oder die Kopfbildung bei Kohl und Salat machen die Pflanze unfähig, ohne Schutz und Pflege weiter zu bestehen.

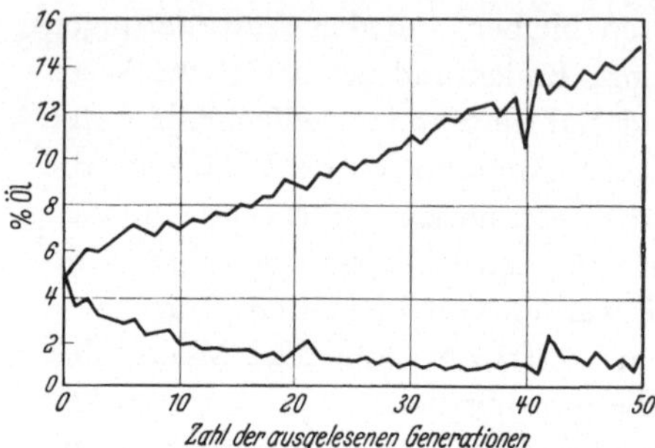

Abb. 51. Die Wirkung einer durch 50 Generationen fortgesetzten Auslese auf hohen und niedrigen Ölgehalt bei Mais. (Nach WOODWORTH u. a. aus HAYES, IMMER u. SMITH)

Wenn die Kulturformen als Produkte der künstlichen Auslese „domestizierte" Pflanzen sind, die viele der Merkmale verloren haben, welche ihre wildwachsenden Urformen befähigt hatten, sich im Daseinskampf in der Wildnis zu behaupten, so sind doch auch sie den Einwirkungen der Umwelt nicht völlig entzogen. Der Mensch bemüht sich wohl, ihnen eine Umwelt zu schaffen, in der sie ihre günstigen Anlagen möglichst vollkommen entfalten können. Dies kann jedoch nicht hindern, daß auch sie noch dem Einfluß von Klima und Boden unterworfen sind. Auch bei der Kulturpflanze bewirken diese Faktoren eine scharfe Auslese. Dadurch bleiben nur solche Sorten erhalten, welche den Witterungs- und Bodenverhältnissen in dem betreffenden Gebiet auch wirklich gewachsen sind. So sind Sorten, die aus trockenen Gegenden stammen, weitgehend dürrefest, Kulturpflanzen aus Bezirken mit strengen Wintern besitzen eine große Frosthärte,

Herkünfte von Sandböden zeichnen sich durch große Anspruchslosigkeit aus.

Ein besonders anschauliches Beispiel für das Angepaßtsein auch der Kulturpflanzen an ihre Umwelt bietet das photoperiodische Verhalten der Pflanzen. Bekanntlich ist in den gemäßigten Zonen während der Hauptvegetationszeit der Tag sehr viel länger als in den Tropen. Viele Gewächse, darunter auch eine Reihe von Kulturpflanzen, sind nun an die in ihrem Heimatgebiet vorherrschende Tageslänge so stark angepaßt, daß sie nur bei dieser zum Blühen und Fruchten kommen. Nutzpflanzen aus den Tropen sind häufig Kurztagspflanzen, das heißt, sie sind nur bei einer kurzen Tagesdauer befähigt, rasch die Blühreife zu erreichen oder gar überhaupt Blütenanlagen zu entwickeln. Pflanzen, die aus nördlicheren oder südlicheren Breiten stammen, sind dagegen Langtagspflanzen, sie benötigen eine größere Tageslänge, um ihren Entwicklungszyklus rasch zu durchlaufen. Die in unseren warmen Gewächshäusern gezogenen Pflanzen sind zu einem großen Teil in den Tropen heimisch; daher kommt es, daß sie vielfach im Winter, wenn bei uns die Tage kurz sind, zu blühen pflegen.

Dieser Photoperiodismus kann ein bedeutendes Hemmnis für die Einführung von Kulturpflanzen in Gebiete mit einer andersartigen Tageslänge sein. Der große wirtschaftliche Wert der Sojabohne hat seit der Mitte des vergangenen Jahrhunderts dazu geführt, daß man immer wieder versuchte, die Soja auch bei uns heimisch zu machen. Diese Bemühungen scheiterten lange Zeit daran, daß alle nach Mitteleuropa eingeführten Sojasorten Kurztagscharakter besaßen. Sie wuchsen übermäßig und brachten eine große Blattmasse hervor, aber sie kamen zu spät zum Blühen und Fruchten, um noch mit Sicherheit befriedigende Mengen an Früchten und Samen hervorzubringen. Erst als in der nördlichen Mandschurei tagneutrale Sojastämme aufgefunden wurden, Sorten also, deren Blühverlauf von der Tageslänge nicht beeinflußt wird, konnte die Sojazüchtung auch in Europa und in Nordamerika Erfolge erzielen.

Ein Produkt bestimmter Umweltverhältnisse sind letzten Endes auch die ertragreichen Zuchtsorten unserer Kulturpflanzen. Von den geringwertigen Landsorten, aus denen sie entstanden sind, unterscheiden sie sich vor allem durch die Befähigung, größere Nährstoffmengen im Boden besonders gut auszunutzen. Hochgezüchtete Sorten beantworten steigende Düngergaben mit wesentlich größeren Ertragssteigerungen als die primitiven Landsorten, sie sind also an einen hohen Nährstoffgehalt des Bodens hervorragend angepaßt. Diese besondere Eignung der Zuchtsorten für den Anbau auf fruchtbarem Boden ist das Ergebnis eines besonderen Auslesevorganges. Die Züchtung der Kulturpflanzen wird seit der Mitte des 19. Jahrhunderts in den sogenannten Zuchtgärten vorgenommen, Feldstücken, deren Boden besonders sorgfältig bearbeitet und reichlich gedüngt wird. Die Pflanzen finden in den Zuchtgärten also sehr günstige Wachstums- und Ernährungsbedingungen vor. Da sie hier überdies auch einen wesentlich weiteren Standraum zur Verfügung haben als auf einem normalen Acker, können sie die ihnen innewohnenden Fähigkeiten voll zur Entfaltung bringen. Pflanzen, welche die Anlage besitzen, eine gute Ernährung mit hohen Erträgen zu beantworten, müssen unter den günstigen Verhältnissen des Versuchsfeldes ihre hohe erbliche Leistungsfähigkeit dartun. Durch die fortgesetzte Auslese von besonders ertragreichen Pflanzen in den mit Nährstoffen gut versorgten Zuchtgärten wurden so die Intensivsorten geschaffen, Sorten, die auf gut gedüngten und gepflegten Böden den alten Landsorten weit überlegen sind, auf armen, schlecht gedüngten Böden allerdings die primitiven Extensivsorten im Ertrag gerade erreichen, wenn sie nicht gar hinter ihnen zurückbleiben.

„Primäre" und „sekundäre" Kulturpflanzen

Die ersten Nutzpflanzen, die der Mensch planmäßig angebaut hat, sind unmittelbar aus Sammelpflanzen hervorgegangen. Die Beobachtung, daß auf den nährstoffreichen Böden in der Nähe der menschlichen Wohnstätten Sammelpflanzen, die aus verlorengegangenen Samen zufällig aufgelaufen waren, sich besonders üppig entwickelten und ungewöhnlich hohe Erträge erbrachten, mag zum ersten planmäßigen Anbau solcher Nutzpflanzen geführt haben. Dieser ist dann in der Folge die Ursache für die allmähliche Umwandlung der Wildformen in richtige Kulturpflanzen geworden. Man bezeichnet diese Pflanzen, die um ihrer von vornherein vorhandenen günstigen Eigenschaften willen direkt in Kultur genommen worden sind, als „primäre" Kulturpflanzen. Ihnen allen ist ein sehr hohes Nährstoffbedürfnis eigen, sie gehören ökologisch wohl alle in die Gruppe der Ruderalpflanzen, in die Pflanzengesellschaften also, die sich gern auf Schuttplätzen und ähnlichen Orten mit sehr nährstoffreichen Böden zusammenfinden. Zu diesen „primären" Kulturpflanzen gehören die meisten Weizenarten, die Gerste, verschiedene Hirsen, Reis, Mais und Zuckerrohr, Tabak, Lein und Soja, Raps und Baumwolle.

Diesen „primären" Kulturpflanzen steht eine weitere Pflanzengruppe sehr nahe, deren Angehörige vor allem darum, weil sie zeitlich erst wesentlich später zu Kulturpflanzen wurden, zu den „sekundären" Kulturpflanzen gerechnet werden. Es sind dies die sogenannten „anthropochoren" Pflanzen, Arten, die ebenfalls einen hohen Nährstoff-, vor allem einen hohen Stickstoffgehalt im Boden lieben. Sie drängen sich gern in die unmittelbare Nähe der menschlichen Ansiedlungen, weil sie dort günstige Lebensbedingungen vorfinden. Zu diesen Pflanzen gehören der Hanf, der Mohn, der Kohl, der Mangold, die Futter- und Zuckerrüben sowie verschiedene Arzneipflanzen.

Eine Pflanze, die so zur ständigen Begleiterin des Menschen geworden ist und von ihm auch als Sammelfrucht genutzt wird, ohne daß sie zur Kulturpflanze geworden wäre, ist der schwarze Hollunder. Hierher gehört auch die große Nessel, *Urtica dioica*, eine anthropochore Pflanze, die heute noch eine Wildform ist, die man in Notzeiten jedoch immer wieder als Spinat- und als Faserpflanze gesammelt und gelegentlich sogar züchterisch bearbeitet hat.

Am Beispiel einer anderen Pflanze dieser Gruppe läßt sich sehr schön zeigen, wie wohl die Inkulturnahme solcher anthropochoren Pflanzen vor sich gegangen sein mag. Der Alpenampfer, *Rumex alpinus*, ist eine alte Sammelpflanze unserer Alpen. Er war einstmals ein beliebtes Gemüse, heute ist er allerdings wohl völlig zum Viehfutter abgesunken. Der Alpenampfer wurde von den Bauern nicht nur gesammelt sondern auch in der Nähe der Almhütten, wo er auf den nährstoffreichen Böden in großen Mengen vorkommt, eingefriedigt und unter Umständen sogar ein wenig gepflegt. Bei Wanderungen in fremde Landesteile nahm man ihn gern mit und dort, wo er nicht vorhanden war, wurde er ausgesät. Da nur solche Pflanzen zur Samenbildung zugelassen wurden, die besonders groß und schön waren, setzte bereits auf dieser Vorstufe des Ackerbaues die Verbesserung der Wildpflanze durch bewußte Auslese ein.

Die Gruppe der aus anthropochoren Arten hervorgegangenen Kulturpflanzen stellt an den Nährstoffgehalt des Bodens mindestens ebenso hohe Ansprüche wie die „primären" Kulturpflanzen. Weitere bezeichnende Merkmale sind: die Heimatlosigkeit dieser Kulturpflanzen — eine Folge ihrer engen Verbundenheit mit dem Menschen und mit seiner Umwelt — sowie die Tatsache, daß verschiedene dieser Arten gleichzeitig in verschiedenen Gegenden und zu sehr verschiedenen Zeiten in Kultur genommen worden sind.

Eine besonders interessante Gruppe sind die „sekundären" Kulturpflanzen, die ihre Kulturpflanzenmerkmale als Unkräuter in Kulturpflanzen erworben haben. Die Umwandlung der Pflanze von einer Wildart über ein Unkraut in eine Kulturform vollzieht sich auf Grund der besonderen Umweltbedingungen, welche der Mensch schafft, wenn er bestimmte Kulturpflanzen anbaut. In den Kulturen der verschiedenen Arten von Nutzpflanzen herrschen ganz bestimmte Lebensbedingungen vor. Diese sind etwa in einem Roggenfeld völlig anders als in einem Maisbestand, und in diesem wiederum weichen sie sehr stark von den ökologischen Verhältnissen ab, die etwa auf einem Kleeacker oder in einem Kartoffelfelde vorherrschen. Eine Unkrautart kann sich als solche nur dann behaupten, wenn sie in ihrem Lebensrhythmus, ihrer Wuchsform sowie in zahlreichen anderen Merkmalen den Eigentümlichkeiten der Kulturpflanze, mit der sie vergesellschaftet ist, weitgehend angepaßt ist. Dies gilt besonders für die Frucht- und Samengröße. Hier können wir auch die Ursachen erkennen, die zur Vergrößerung dieser Organe bei einer Reihe von Unkrautarten geführt haben. Der Mensch hat es schon früh gelernt, sein Getreide und auch anderes großsamiges Saatgut durch Worfeln zu reinigen, das heißt, er warf es mit einer Schaufel gegen den Wind. Dabei wurden die schweren Früchte und Samen der Kulturpflanzen sehr viel weiter geschleudert als die leichte Spreu und auch als leichte Unkrautsamen. Durch dieses Verfahren erhielten alle jene erblichen Varianten der Unkrautarten einen positiven Auslesewert, die in der Korngröße und im Korngewicht ihrer Wirtschaftspflanze nahe kamen. Auf diese Weise züchtete der Mensch ungewollt und unbewußt bei den Unkräutern aller Kulturpflanzen, deren Saatgut er auf solche Weise reinigte, auf Großsamigkeit und damit wohl zugleich stets auf Gigaswuchs. In einer ganz ähnlichen Weise konnten sich nur solche Wildgräser als Unkraut im Getreide halten, die einen ähnlichen Entwicklungsrhythmus hatten wie dieses, die vor allem zur gleichen Zeit reif wurden. Endlich aber mußten im Kulturgetreide, welches zähe Ährenspindeln besaß, auch die begleitenden Unkräuter ihre Befähigung zur freien Verbreitung verlieren, sie mußten ebenfalls eine feste Ährenspindel erlangen, weil sie nur in diesem Falle mit dem Getreide ausgedroschen werden und so in das Saatgut des folgenden Jahres gelangen konnten.

So erhielten bei einer Reihe von Unkräutern Mutationen, welche bestimmte Kulturpflanzenmerkmale hervorrufen, einen positiven

Auslesewert. Mutationen also, die bei einer gewöhnlichen Wildpflanze zu einer Herabsetzung wenn nicht gar zu einer Aufhebung der Lebensfähigkeit geführt hätten, riefen bei diesen Unkräutern eine Steigerung der Anpassungsfähigkeit an das von ihnen gewählte Milieu der Kulturlandschaft hervor. Auf diese Weise erhielten bestimmte Unkräuter im Laufe der Zeit immer mehr Kulturpflanzenmerkmale und wurden schließlich um dieser neuerworbenen wertvollen Eigenschaften willen selbst vom Menschen in Kultur genommen.

Besonders anschauliche Beispiele für die tiefgreifenden Veränderungen, welche die Unkräuter durch ihre Vergesellschaftung mit bestimmten Kulturpflanzen erlitten haben, bieten uns die Unkräuter des Leins. Diese haben sich zum Teil sogar in ihrer äußeren Gestalt der Leinpflanze soweit angenähert, daß sie bei flüchtiger Betrachtung leicht mit dieser verwechselt werden können, so daß sie in einem Leinfelde nicht so leicht als Unkräuter auffallen. Alle diese Unkräuter weisen mit dem Lein sowie untereinander große Ähnlichkeit auf, gleichartige Auslesebedingungen haben hier also bei sehr verschiedenen Arten zu gleichsinniger Formbildung geführt. Von ihren wilden Ausgangsformen weichen alle diese Unkräuter bereits so stark ab, daß sie als eigene Arten angesehen werden. Dieses Angepaßtsein an die Wirtspflanze geht soweit, daß sich bei allen diesen Leinunkräutern eine Reihe von Stämmen findet, die untereinander verschieden sind, aber jeweils stärkere Übereinstimmung mit einer Flachssorte zeigen, mit der einen Sorte nämlich, in der sie als Unkraut vorkommen (Abb. 52). Die überaus große Abhängigkeit der Entstehung der Kulturpflanzeneigenschaften bei den Flachsunkräutern von den Kulturbedingungen trat sehr deutlich auch beim Vergleich der Leinunkräuter in Gegenden mit primitiver und mit höher entwickelter Landwirtschaft zutage. Hier zeigte sich deutlich, daß die Anpassung der Unkrautarten an den Lein umso vollkommener war, und daß daher die Kulturpflanzenmerkmale sich bei ihnen umso stärker entwickelt hatten, je fortgeschrittener die landwirtschaftliche Kultur war. Je besser nämlich die Verfahren der Saatgutreinigung waren, umso mehr blieben nur noch solche Unkrautformen erhalten, die dem Lein in allen wesentlichen Samen- oder Fruchtmerkmalen sehr stark ähnelten.

Die Anpassung der Leinunkräuter an die verschiedenen Kulturformen des Leins geht soweit, daß man auf Grund einer genauen
Untersuchung der heutigen geographischen Verteilung der verschiedenen Unkrautarten und -rassen Schlußfolgerungen auf das Ursprungsgebiet und die Wanderwege der ein-
zelnen Leinformen hat ziehen können.

Wir sahen, daß sich die Unkrautarten auch in der Samengröße den
Kulturpflanzen, mit denen sie zusam-
menleben, anzupassen vermögen. Dabei ist es die Regel, daß die Samen
oder Früchtchen bei den Unkräutern
an Größe zunehmen. Dies ist jedoch
nicht immer der Fall, und gerade bei
einigen Leinunkräutern aus der Gräsergattung *Lolium* (Raygras) sind die
Früchtchen in Angleichung an die
Samengröße des Leins kleiner geworden als sie bei den Stammformen
waren. Mit der Abnahme der Größe
der Früchtchen sind aber auch die
ganzen Pflänzchen kleiner und zier-
licher geworden als die Ausgangsarten,
so daß diese im Vergleich zu den abgeleiteten Unkrautformen wie Gigaspflanzen wirken. Damit tritt auch bei
diesem Beispiel die schon wiederholt
aufgezeigte Beziehung zwischen Samengröße und Wuchs sehr deutlich
zutage.

Von den Unkräutern des Leins
haben sich verschiedene Arten zu
wirklichen Kulturpflanzen entwickelt,

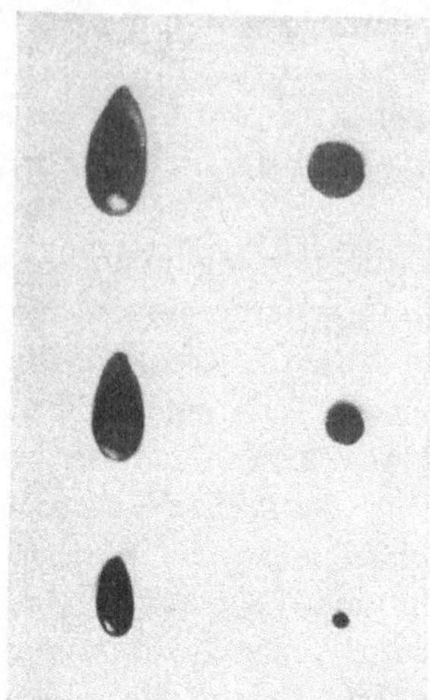

Abb. 52. Anpassung der Samengröße von Unkräutern an
die Samengröße der Wirts-
pflanze: Lein und Spörgel.
Untere Reihe: Links Samen
von Wildlein *(Linum hispanicum)*, rechts: Samen der Wildart *(Spergula arvensis)*. Mitte:
Links Samen von Springlein
L. humile, einer primitiven Kulturform mit aufspringenden
Früchten, rechts: Samen der
dazugehörigen Unkrautform,
Spergula maxima. Obere Reihe:
links Samen von Kulturlein,
L. usitatissimum, rechts die Samen der dazu gehörigen Unkrautform, *Spergula camarae*.
(Nach Rothmaler)

so der Leindotter, *Camelina sativa* und *C. linicola*, der Spörgel,
Spergula maxima, und *S. linicola*, der gelbe Senf, *Sinapis alba*,
die Ölrauke, *Eruca sativa*, und der Rübsen, *Brassica campestris*.
Weitere aus Unkräutern hervorgegangene Kulturpflanzen sind:

der Roggen, verschiedene Kulturhafer, Wicken-, Erbsen-, Bohnen- und Platterbsenarten.

Der Roggen, *Secale cereale*, ist heute noch in den Weizen- und Gerstenfeldern Vorderasiens als Unkraut weit verbreitet und hat hier entscheidende Kulturpflanzenmerkmale wie die Großkörnigkeit, die Festigkeit der Ährenspindel und die Einjährigkeit erlangt. Als Unkraut ist der Roggen dem Weizen auf seinen Wanderungen gefolgt und hat sich dabei zur selbständigen Kulturpflanze entwickelt. Mit dem Vordringen in rauheres Klima oder auf ärmere Böden versagte nämlich die anspruchsvolle und empfindliche Weizenpflanze. Der Roggen dagegen war wie alle Unkräuter und alle aus diesen hervorgegangenen Kulturpflanzen in seinen Ansprüchen sehr bescheiden, er war auch dürftigeren Verhältnissen noch gut gewachsen und drängte sich daher umso mehr in den Vordergrund, je ungünstiger die äußeren Bedingungen für den Anbau des Weizens wurden. Man kann diesen Vorgang heute noch in Anatolien beobachten. Hier tritt der Roggen, wie gesagt, in den Weizenfeldern als Unkraut auf. Überall dort, wo die Lebensverhältnisse für den Weizen hier nicht mehr günstig sind, entwickelt sich der Roggen sehr üppig. Infolge der mangelhaften Reinigung des Saatguts steigt sein Anteil an der Zusammensetzung des Bestandes und der Kornernte von Jahr zu Jahr so lange, bis einmal das für die Aussaat bestimmte Korn sorgfältig mit der Hand ausgelesen wird — worauf dann dieser Kreislauf wieder von Neuem beginnt. Eine derartige Entwicklung hat sich nun offenbar immer vollzogen, wenn der Weizen — sei es im Gebirge, sei es auf seiner Wanderung nach Norden — in Gebiete gelangte, in denen die Lebensbedingungen für ihn ungünstig wurden. Dort, wo der Weizen nicht mehr gedieh, nahm der Roggen infolge seiner größeren Bedürfnislosigkeit und Härte an Bedeutung zu, er kam in solchen Gebieten dem Weizen an wirtschaftlicher Bedeutung gleich oder er wurde ihm sogar überlegen und entwickelte sich so endlich zu einer selbständigen Kulturpflanze, die sich ein nicht unbeträchtliches Anbaugebiet erobert hat.

Auch bei anderen Arten läßt sich gerade in Vorderasien sehr schön der Übergang von der Wildform über das Unkraut zur Kulturpflanze verfolgen. Wilderbsen oder besser Unkrauterbsen, *Pisum elatius*, sowie „wilde Bohnen", *Vicia narbonensis*, werden

hier von den Bauern als Unkraut in den Getreidefeldern nicht
ungern gesehen, da sie nach harten Wintern, wenn der Weizen
stark ausgefroren ist, oder nach trockenen Frühjahren, wenn die
Gerste infolge der Dürre nur lückig aufgelaufen ist, sich üppig
entwickeln und mit dem übriggebliebenen Getreide schöne
geschlossene Bestände bilden, die gute Ernten eines Gemisches
von Getreidekörnern und Erbsen- oder Bohnensamen ergeben,
das geschrotet als Viehfutter, vermahlen als Brotmehl verwendet
wird. Andere krautige Hülsenfrüchtler, wie der Kameldorn,
Alhagi camelorum, oder *Prosopis stephaniana* werden ebenfalls als
Unkräuter gern geduldet, weil sie nach der Getreideernte noch
Viehfutter liefern und überdies die Fruchtbarkeit des Bodens
erhöhen. Aus der Duldung oder gar Förderung solcher Unkräuter,
die bereits Kulturpflanzeneigenschaften erlangt hatten, mag dann
die in Asien uralte Sitte der Mischkultur hervorgegangen sein.
Diese ist dann wiederum der Ausgang für die Reinkultur der
sekundären Kulturpflanzen geworden.

Die Entstehung von Kulturpflanzeneigenschaften bei Unkräutern ist keineswegs auf die Unkräuter primärer Kulturpflanzen
beschränkt. Ist aus einer Unkrautart eine Kulturpflanze entstanden,
so sind durch deren Kultur die gleichen Auslesebedingungen
gegeben wie bei der einer primären Kulturpflanze, und die Unkräuter sekundärer Kulturpflanzen werden aus den gleichen
Gründen wie die der primären Kulturformen Kulturpflanzenmerkmale annehmen müssen. So sind zwei im Roggen vorkommende
Grasarten, *Bromus secalinus*, die Roggentrespe, sowie die verwandte
Art *B. grossus* in den Besitz von großen Früchtchen und von zähen
Ährenspindeln gekommen, ohne allerdings bereits zu Kulturpflanzen aufgestiegen zu sein. Auch die Kornrade, *Agrostemma
githago*, hat als Roggenunkraut schon so viele wertvolle Eigenschaften wie Großsamigkeit und einen fast vollständigen Schluß
der Fruchtkapseln angenommen, daß vor dem ersten Weltkrieg
ein Stamm mit besonders großen Samen in Rußland als Rohstoff
für die Alkoholherstellung angebaut wurde. Eine Form des
Rauhhafers, *Avena strigosa subvar. uniflora*, hat sich in ihrer Korngröße dem Roggen, in dem der Rauhhafer als Unkraut vorkommt,
angepaßt. Andere Varietäten der gleichen Art haben als Unkraut
im Saathafer, *Avena fatua ssp. sativa*, der ja selbst aus dem Flughafer

(*Avena fatua ssp. fatua*), einem Unkraut im Emmerweizen und in der Gerste, hervorgegangen ist, Kulturpflanzeneigenschaften erlangt und sind auf armen Böden in Nordwesteuropa als Kulturpflanzen angebaut worden.

Die Heimatgebiete der Kulturpflanzen

Die meisten unserer Kulturpflanzen haben heute ein weites Verbreitungsgebiet, viele von ihnen sind Weltbürger geworden, die wir auf allen Kontinenten antreffen können. Diese weltweite Verbreitung zahlreicher Kulturpflanzen beruht darauf, daß der Mensch auf seinen Wanderungen die von ihm angebauten Pflanzen mitgenommen und so in neue Gebiete eingeführt hat. Auch der Handel hat schon früh für die Ausbreitung wertvoller Kulturpflanzen gesorgt, und endlich hat die Aufschließung der Welt durch den modernen Verkehr dazu beigetragen, daß heute die wirtschaftlich bedeutsamen Kulturpflanzen auf der ganzen Erde überall dort angebaut werden, wo Klima und Boden ihre Kultur erlauben. Mit den Kulturpflanzen wandern die Unkräuter, und auch die anthropochoren Pflanzen finden in der Nähe der menschlichen Wohnstätten überall Lebensbedingungen, die ihnen so zusagen, daß sie weit über ihr ursprüngliches Heimatgebiet hinaus zu unzertrennlichen Begleitern des Menschen geworden sind.

Die Wanderungen der Kulturpflanzen haben vielfach schon in einer frühen Periode der Menschheitsgeschichte eingesetzt. Es war daher zunächst nicht immer einfach, den Ursprung und die Heimatgebiete der einzelnen Kulturformen zu bestimmen, zumal ja auch die Wildarten, von denen sie sich herleiten, lange Zeit unbekannt waren. Unter diesen Umständen ist verständlich, daß lange Zeit hindurch die „Heimatlosigkeit" als ein typisches Merkmal vieler Kulturpflanzen, Anthropochoren und Unkräuter angesehen wurde. Mit der Zunahme der Ausweitung und Vertiefung unseres Wissens über die Kulturpflanzen erwies sich diese Vorstellung allerdings immer mehr als Irrtum. Es ist vor allem das Verdienst VAVILOVS und seiner Mitarbeiter, unsere Vorstellungen über die Heimatgebiete der Kulturpflanzen ganz wesentlich erweitert zu haben. An einem riesigen Material, das durch zahlreiche Sammelreisen aus der ganzen Welt zusammengetragen worden war, untersuchte VAVILOV bei unseren wichtigsten Kulturpflanzen die geographische Verteilung der Unterarten, Varietäten, Sorten und überhaupt aller erblichen Varianten. Er fand, daß die Fülle der vorhandenen Formen sich keineswegs gleichmäßig über das ganze Areal verteilt, das von der betreffenden Kulturpflanze eingenommen wird, sondern daß es bestimmte Bezirke gibt, in denen sich eine besonders reiche Fülle verschiedenartigster Formen findet, während außerhalb dieser Gebiete die Formenmannigfaltigkeit sehr viel geringer ist. VAVILOV bezeichnete diese Regionen größten Formenreichtums als Gen- oder Mannigfaltigkeitszentren. Wir unterscheiden heute 8 verschiedene Genzentren, die jeweils Mannigfaltigkeitszentren für eine ganze Anzahl verschiedener Kulturpflanzen sind, und die sich alle durch ein gemeinsames Merkmal auszeichnen: sie liegen sämtlich in Gebirgen der Subtropen und der Tropen (Abb. 53).

Man untersuchte nun weiter Art und Verteilung der erblichen Varianten innerhalb der Genzentren selbst. Dabei stellte sich heraus, daß jeweils in der Mitte der Genzentren die Formenmannigfaltigkeit am größten war und daß sie nach den Randbezirken zu immer stärker abnahm. Es ergab sich ferner, daß in den Kerngebieten der Genzentren dominante Allele der verschiedenen Gene vorherrschen und daß diese nach der Peripherie der Gebiete hin immer mehr von rezessiven Allelen abgelöst werden. Nun wissen wir von Kreuzungen zwischen Wildarten und den von ihnen abstammenden Kulturpflanzen, daß Wildpflanzenmerkmale in der Regel durch dominante, die entsprechenden Eigenschaften der Kulturpflanzen durch rezessive Allele der gleichen Gene vererbt werden. Die Häufung dominanter Allele in den Kerngebieten der Genzentren wird daher von VAVILOV so gedeutet, daß hier die ursprünglichen Ausgangsformen der betreffenden Kulturpflanzen sitzen. Durch Mutation entstehen hier ständig neue rezessive Typen, diese werden teils durch Bastardierung unterdrückt, teils sind sie den Lebensbedingungen, die in diesen Gebieten herrschen, nicht gewachsen und werden rasch ausgemerzt. Mit der wachsenden Entfernung von der Mitte des Genzentrums ändern sich die ökologischen Verhältnisse und damit die Bedingungen für die Auslese. So können Mutanten, die sich physiologisch von der Ausgangsform unterscheiden, sich im Konkurrenzkampf halten oder sogar gefördert werden. Die dominanten Allele aus dem Innern der Genzentren werden so von den rezessiven Allelen abgelöst.

Der Vorgang der Entstehung der Kulturformen aus ihren wilden Ursprungsarten hätte sich demgemäß innerhalb der Genzentren vollzogen und wäre nach dieser von VAVILOV entwickelten Vorstellung ein Entfaltungsvorgang, der seinem Wesen nach im

Abb. 53. Die Genzentren der Erde (nach VAVILOV)

1. *Südwestasien:* Nackthirsen, Nackthafer, sechszeilige bespelzte und Nacktgerste, Soja, China- und Pekingkohl, Rettich, Tee, Pfirsich, Aprikose, Orange, Zitrone.

2. *Vorderindien, Hinterindien mit dem indomalavischen Archipel:* Reis, Zuckerrohr, indische Baumwolle, Kokospalme, Banane, zahlreiche Tropenfrüchte.

3. *Zentralasien:* Saatweizen (sekundär) und Zwergweizen, Erbse, Linse, Ackerbohne, Radieschen, Spinat, Zwiebel, Knoblauch, Mandel, Birne, Apfel.

4. *Kleinasien:* Einkorn, Saatweizen, zweizeilige Gerste, Roggen, Mittelmeerhafer, Lein, blaue Luzerne, Sauerkirsche, Zwetschge, Möhre.

5. *Mittelmeergebiet:* Emmer, Hartweizen, großkörnige Formen von Gerste, Erbsen, Linsen, Ackerbohnen, Lein, Mangoldrüben, zahlreiche Gemüse- und Futterpflanzen.

6. *Abessinien:* Sekundäres Zentrum für Emmer und Hartweizen sowie Gerste Hirsen, arabischer Kaffee.

7. *Südmexiko und Zentralamerika:* Mais (sekundär), verschiedene Bohnenarten, Kürbisarten, Neuweltbaumwolle, Sisal, Paprika, Bauerntabak, Kakaobaum.

8. *Südamerika:* Mais, Kartoffel Tomate, Kürbis, Virginiatabak, Baumwolle, Erdnuß, Ananas.

Ausfall der dominanten Allele und ihrem Ersatz durch rezessive Allele bestände. VAVILOV betrachtet also die Genzentren gleichzeitig als die Entstehungs- und Ursprungsgebiete der Kulturpflanzen, die in ihnen einen besonders großen Reichtum an erblichen Varianten entfalten. Das dürfte in der Regel auch wohl der Fall sein, doch hat sich gezeigt, daß eine große Formenfülle in einem Genzentrum noch kein sicherer Beweis dafür ist, daß die Kulturpflanze hier auch entstanden ist. Wir müssen heute zwischen primären und sekundären oder Stauungszentren unterscheiden. In den primären Genzentren sind die betreffenden Kulturpflanzen aus den hier heimischen Wildformen hervorgegangen. Als Kulturpflanzen sind sie dann irgendwann einmal in ein anderes Genzentrum gelangt, und die gleichen natürlichen Kräfte, die in dem primären Genzentrum die Entstehung der großen Formenmannigfaltigkeit hervorgerufen haben, bewirkten, daß bei der in dieses Gebiet gelangten Kulturpflanze der Formenreichtum wieder beträchtlich anzusteigen begann. Auf diese Weise bildete sich für die betreffende Kulturpflanze ein neues „sekundäres" Genzentrum heraus.

So ist das Entstehungsgebiet der Dinkelweizen offenbar das vorderasiatische Genzentrum. Hier kamen die Elternarten, der Wild- und Kulturemmer sowie *Aegilops squarrosa* zusammen vor und konnten leicht durch Kreuzung und spontane Verdoppelung der Chromosomenzahl im Bastard den Dinkelweizen hervorbringen. Von diesem Gebiet ausgehend gelangte der Dinkelweizen auf dem Wege nach Osten in das mittelasiatische Genzentrum und bildete dort eine große Anzahl neuer Typen. Als sekundäres Genzentrum für Emmerweizen und Gerste muß Abessinien angesehen werden. Das Mittelmeergebiet ist für eine ganze Reihe von Arten ein sekundäres Genzentrum geworden, das sich besonders dadurch auszeichnet, daß von einer Reihe von Kulturpflanzen, die in anderen Genzentren kleinsamig sind, wie von Erbsen, Linsen, Lein und Gerste, hier großsamige Varietäten vorkommen. Endlich ist heute noch eine ganze Reihe von kleineren Gebieten bekannt geworden, die wir als sekundäre Genzentren betrachten dürfen. Hierher gehört z. B. der Nordrand des Alpengebietes, der als sekundäres Genzentrum für den Dinkelweizen angesehen wird.

Es ist eine zweifellos sehr merkwürdige Tatsache, daß die Entstehung unserer wichtigsten Kulturpflanzen offenbar an wenige, räumlich beschränkte Bezirke der Erde gebunden ist. Diese weisen dazu noch untereinander eine sehr eigenartige Übereinstimmung auf: sie liegen sämtlich in gebirgigen Gegenden der heißen oder der warmen Zonen der Alten und der Neuen Welt. Es liegt unter diesen Umständen nahe zu vermuten, daß die klimatischen Verhältnisse dieser Gebiete die Ursache für die Entstehung der Formenfülle sind.

Man nimmt nun an, daß einmal die außerordentlich starken Temperaturschwankungen, welche gerade für die Gebirge der Subtropen und Tropen charakteristisch sind, die Mutationsrate sowohl in den keimenden Samen wie auch in den wachsenden Pflanzen zu steigern vermögen. Dazu mag noch die mutationsauslösende Wirkung der hohen Ultraviolettstrahlung kommen, die sich besonders leicht bei den Pollenkörnern auswirken könnte. Neu auftretende Mutanten finden aber in den tropischen Gebirgen nahe beieinander die verschiedenartigsten Lebensbedingungen. Experimentelle Untersuchungen haben wiederholt erwiesen, daß Mutanten, die unter den für die betreffende Art typischen Lebensbedingungen weniger lebenskräftig und leistungsfähig sind als die Normalform, dieser unter veränderten Verhältnissen weit überlegen sein können. Die außerordentliche Verschiedenheit im Kleinklima, die alle Gebirge, besonders aber tropische Gebirge kennzeichnet, macht es neu entstandenen Mutanten sehr viel leichter, eine geeignete Umwelt zu finden, als dies in einer Gegend mit gleichförmigem, ausgeglichenem Klima der Fall wäre. Es blieben daher in diesen tropischen und subtropischen Gebirgen besonders viele Mutanten erhalten. Die Tatsache, daß auf diese Weise in den Genzentren eine große Zahl verschiedenster Allele zahlreicher Gene auf engstem Raum nebeneinander vorkommen, fördert die Vereinigung günstiger Allele in der Pflanze durch Bastardierung. Auch diese scheint durch die in den Genzentren herrschende Witterung gefördert zu werden, denn nach Beobachtungen der Deutschen Hindukusch-Expedition zeigen hier Getreidearten, die bei uns strenge Selbstbefruchter sind, Neigung zur Fremdbefruchtung. Für die Erhaltung der Formenfülle in den Genzentren ist es endlich noch wichtig, daß in den Gebirgen, in denen die meisten dieser

Zentren liegen, der Ackerbau auf einer sehr primitiven Entwicklungsstufe steht. Hier gewinnt noch jeder Bauer selbst das Saatgut, das er für seine nächste Aussaat benötigt. Das bedeutet, daß jede Mutation, die in diesem Gebiet auf den Äckern auftritt, eine sehr viel größere Aussicht hat, erhalten zu bleiben, als dies in Gegenden mit fortschrittlicher Landwirtschaft der Fall ist, wo praktisch alles Saatgut immer wieder von wenigen Zuchtbetrieben neu bezogen wird. Überdies ist hier auch die Auslese bei der Saatgutgewinnung sehr viel schwächer. Neu auftretende Mutanten werden daher nicht sofort ausgemerzt, wie dies in Ländern mit hochentwickelter landwirtschaftlicher Kultur der Fall zu sein pflegt. Sie haben vielmehr die Aussicht, dann, wenn sie nicht gerade lebensuntüchtig sind, lange Zeit hindurch erhalten zu bleiben.

Die angeführten Besonderheiten der Genzentren dürften bereits bei den Wildpflanzen zur Entstehung und Erhaltung einer großen Formenfülle geführt haben. Dadurch aber muß hier auch das Auftreten von günstigen Mutanten sehr gefördert sein, und da die stärkere natürliche Bastardierung dazu noch die Vereinigung vorteilhafter Anlagen begünstigt, wird es verständlich, daß gerade in diesen Gebieten eine so große Anzahl von Kulturpflanzen aus Wildformen hervorgegangen ist. Die neu entstandenen Kulturpflanzen aber sind den nämlichen Außenbedingungen ausgesetzt wie die Wildarten: auch bei ihnen muß sich daher ein großer Formenreichtum entwickeln.

Gelangt nun die Kulturpflanze mit Hilfe des Menschen aus dem Gebiet des Genzentrums hinaus, so kommt sie unter Umwelteinflüsse, die denen ihres Ursprungsgebietes in keiner Weise mehr entsprechen. Die Mutationsrate wird bei den wesentlich weniger extremen Außenbedingungen vermutlich kleiner, die Umweltfaktoren werden dagegen über größere Bezirke hin beträchtlich einheitlicher. Diese Gebiete, welche die Kulturpflanze jetzt auf ihrer Wanderung zu passieren hat, wirken gewissermaßen wie Siebe, die von dem ursprünglichen Überfluß an Formen jeweils einen größeren oder geringeren Teil zurückhalten, die Träger aller jener Eigenschaften nämlich, die dem Gedeihen der Pflanze in dem betreffenden Klimabezirk oder auf einer bestimmten Bodenart abträglich sind. Je weiter eine Kulturpflanze sich also von ihrem Ursprungsgebiet entfernt, umso mehr verschiedenartige Siebe muß sie passieren und um so geringer wird zwangsläufig ihr ursprünglicher Formenreichtum.

Diese Entwicklung kann sich allerdings in dem Augenblick ändern, in dem die Pflanze durch den Menschen in ein anderes Genzentrum eingeführt wird. Hier wirken dann wieder Außenbedingungen auf sie ein, welche die Entstehung einer großen Formenfülle begünstigen. Es entsteht auf diese Weise für die betreffenden Arten ein neues sekundäres Genzentrum. Sind die Umweltfaktoren und damit die Auslesebedingungen hier wesentlich anders als in dem primären Mannigfaltigkeitszentrum, so ist es möglich, daß in dem sekundären Zentrum bei den betreffenden Arten ganz neue Eigenschaften auftreten. Ein sehr anschauliches Beispiel hierfür bietet uns das Mittelmeergebiet. Hier scheinen die klimatischen Verhältnisse die Entstehung von besonders großsamigen Gigastypen zu fördern: von zahlreichen Kulturpflanzen, von denen in Asien nur kleinsamige oder kleinfrüchtige Varietäten vorkommen, von Erbsen, Linsen, Bohnen vom Lein und der Gerste, gibt es hier großkörnige Formen.

Der moderne Ackerbau und vor allem die Pflanzenzüchtung mit ihrem Bestreben zur Entwicklung einer beschränkten Zahl von in sich sehr einheitlichen Zuchtsorten haben zu einer starken Verarmung der Formenmannigfaltigkeit bei unseren züchterisch intensiv bearbeiteten Kulturpflanzen geführt. Diese Entwicklung hat sich für die Pflanzenzüchtung in neuester Zeit wiederholt bereits als recht ungünstig und hemmend erwiesen, vor allem wenn es galt, bei unseren Kulturformen mit Hilfe der Züchtung Eigenschaften zu erzeugen, die sie vorher nicht besaßen, etwa Widerstandsfähigkeit gegen Krankheit oder größere Winterfestigkeit. Dadurch, daß in den Genzentren eine große Zahl verschiedenartigster erblicher Varianten zu finden ist, sind sie heute zu wichtigen Fundgruben für die Pflanzenzüchtung geworden, deren Ausbeutung durch zahlreiche Sammelreisen bereits nach dem ersten Weltkrieg begonnen hat.

Von der „Entartung" der Kulturpflanzen

Die künstliche Auslese durch den Menschen hat dazu geführt, daß die Kulturpflanzen zwar eine Reihe von Merkmalen angenommen haben, die sie dem Menschen besonders wertvoll machen.

Gerade diese Kulturpflanzenmerkmale aber machen es der Pflanze unmöglich, ohne ständige Pflege am Leben zu bleiben und sich fortzupflanzen.

Es sei hier nur an die „Rüben"bildung bei Kulturmöhren, bei Kohl- und Futterrüben erinnert. Diese wohlschmeckenden fleischigen Organe setzen die Pflanze zunächst einmal dem verstärkten Angriff tierischer Feinde aus. Dazu kommt aber noch, daß diese zarten Gebilde im Gegensatz zu den zähen Wurzeln der Wildformen infolge ihres höheren Wassergehaltes nicht frosthart sind, und da die Bildung fleischiger Wurzeln in der Regel offenbar damit verbunden ist, daß die betreffenden Pflanzen erst im zweiten Lebensjahr zum Blühen und Fruchten kommen, würden die Träger dieser „Mißbildungen" ohne die Hilfe des Menschen sterben, ehe sie zur Fortpflanzung gekommen wären. Legen wir also an die Kulturpflanzen den gleichen Maßstab an, mit dem wir die Leistungsfähigkeit und Lebenstüchtigkeit von Wildarten zu bemessen pflegen, so müssen wir sie zweifellos samt und sonders als „entartet" bezeichnen und die Mehrzahl der typischen Kulturpflanzenmerkmale als „pathologische" und „anomale" Bildungen ansehen. Die Kulturpflanzen sind sozusagen Träger von „Erbkrankheiten", welche den Wert der Pflanze für den Menschen erhöhen.

Nicht alle diese Veränderungen bedeuten freilich auch für den Menschen wirkliche Verbesserungen. In Unkenntnis des eigentlichen biologischen Wertes hat der Mensch gelegentlich Zuchtsorten geschaffen, die wir vom Gesichtspunkt der Qualität aus als minderwertig betrachten müssen. Hierhin gehören alle Gemüsesorten mit gelblichen Blättern sowie die Wachsbohnen und die Kopfkohle mit weißen anstelle von gelblichen Blättern im Innern des Kopfes. Alle diese Formen sind keineswegs „zarter" und wohlschmeckender, wohl aber wesentlich ärmer an Vitaminen als die normalgrünen Sorten. Als eine ähnliche Art von „Fehlzüchtung" dürfen wir auch die starke Kräuselung der Blätter ansehen, die für viele Grünkohlsorten charakteristisch ist. Mit zunehmender Kräuselung wird nämlich das Blattgewebe immer gröber, härter und schlechter verdaulich. Die Züchtung in Richtung auf die Steigerung eines Merkmals, das nur auf die Augen des Gärtners und der einkaufenden Hausfrau wirkt — bei dem tafelfertig bereiteten Gemüse ist ja von dem Grad der Kräuselung kaum noch etwas zu merken — hat somit zu einer Verminderung der Qualität geführt.

Gleichfalls eine Folge verfehlter Züchtungsarbeit ist das bekannte „Platzen" der Nelkenblüten (Abb. 54), das bei Chabaud- und Edelnelken heute so verbreitet ist, daß sich die Gärtner nur durch Umwickeln der Kelche mit Blumendraht vor dem Auftreten dieser Mißbildung, welche die Blüten unverkäuflich macht,

Abb. 54. „Geplatzte" Blüte einer Edelnelke neben nicht geplatzter Blüte der gleichen Sorte

schützen können. Dieses Aufplatzen der Blüten beruht darauf, daß die Züchter eine zu starke Füllung der Blüten angestrebt haben. Der Erfolg dieser Bemühung ist nicht ausgeblieben, die Zahl der Blütenblätter konnte immer stärker vermehrt werden und wurde endlich so groß, daß bei der Entfaltung der Blüte der Kelch dem Druck der wachsenden Blütenblätter häufig nicht mehr standhalten kann und an einer Seite aufreißt. Dies ist besonders dann der Fall, wenn die Blütenknospe kugelig geformt ist oder am Grunde ihren größten Durchmesser hat. So hat der Mensch in manchen Fällen durch die Übertreibung oder die Wahl falscher Zuchtziele Kulturformen geschaffen, die wir auch im Hinblick auf ihren Nutzen für den Menschen als „entartet" bezeichnen müssen.

„Die Verwertung des Abnormen und Pathologischen in der Pflanzenkultur" findet ihren Höhepunkt dort, wo die dem

Menschen erwünschten Eigenschaften durch Infektionskrankheiten hervorgerufen werden. Einer dieser Fälle ist sogar kulturgeschichtlich von Bedeutung. Zu Beginn des 17. Jahrhunderts entwickelte sich in Holland eine Tulpenliebhaberei, die vor allem die wohlhabenden Schichten der Bevölkerung erfaßte. Diese Mode artete in einen Tulpenwahn aus, der unter dem Namen „Tulpenschwindel" bekannt wurde, als Tulpen mit zweifarbigen, gestreiften Blüten auftraten. Für eine blühfähige Zwiebel der berühmtesten dieser neuen Sorten, der „Semper Augustus", wurden bis zu 13 000 Gulden gezahlt. Jetzt wissen wir, daß diese Scheckung der Blütenblätter, die man auch heute noch bei manchen Tulpensorten finden kann (Abb. 55), die Folge einer Virusinfektion ist. Da die Tulpensorten

Abb. 55. Blüte einer heutigen viruskranken Tulpensorte

durch ihre Zwiebeln vermehrt werden und da die Krankheit von der Mutterzwiebel auf ihre Tochterzwiebel übertragen wird, treten in der Nachkommenschaft einer erkrankten Pflanze immer nur Formen mit gescheckten Blüten auf. Auf diese Weise wird der Eindruck erweckt, daß dieses Sortenmerkmal wirklich erblich bedingt wäre.

Durch eine Viruskrankheit wird auch bei einer als *Abutilon Thompsoni* bezeichneten Sorte der zu den Malvengewächsen gehörigen Art *Abutilon striatum* die grünweiße Scheckung der Laubblätter übertragen. Eine bei Gärtnern und Gartenliebhabern geschätzte Anomalie, die auch sonst häufig auftritt und zumeist die Folge einer bestimmten erblichen Konstitution ist, nämlich die „Weißbuntheit" der Blätter, ist in diesem Falle Ausdruck einer Erkrankung.

Können wir so vom Gesichtspunkt der Lebenstüchtigkeit und der Erhaltungsfähigkeit in der freien Natur die Kulturpflanzen ganz allgemein als entartet bezeichnen, so verstehen wir als „Entartung"

116

bei Kulturpflanzen gemeinhin einen ganz anderen, ja eigentlich einen den soeben erwähnten Erscheinungen ganz entgegengesetzten Vorgang, die Tatsache nämlich, daß hochgezüchtete Sorten in ihrer Leistungsfähigkeit nachlassen können, wenn sie nicht vom Züchter mit Hilfe der sogenannten Erhaltungszüchtung, der fortwährenden Auslese der besten Einzelpflanzen, auf der einmal erreichten Höhe gehalten werden.

Ein solcher Verlust von typischen Werteigenschaften beim Nachlassen oder Aufhören der ständigen Betreuung durch den Züchter ist dadurch begründet, daß die Leistungen unserer Kulturpflanzen auf einer großen Anzahl von Genen beruhen. So schätzt man beim Mais die Zahl der Erbanlagen, die dem Ertrag zugrundeliegen, auf mindestens 200, der Eiweißgehalt wird durch mindestens 22, der Ölgehalt durch mehr als 20 Gene gesteuert. Es ist ohne weiteres verständlich, daß es besonders bei Fremdbefruchtern kaum möglich sein kann, von allen diesen zahlreichen Leistungsgenen die günstigen Allele in homozygoter Form in einer Pflanze, geschweige denn in einer Zuchtsorte zu vereinigen, diese werden vielmehr stets mehr oder weniger heterozygot sein. Das hat aber zur Folge, daß sie in ihren Leistungen „spalten", und daß diese daher von Generation zu Generation absinken müssen, wenn nicht der Mensch durch die Erhaltungszüchtung für die Bewahrung der ursprünglichen Leistungshöhe sorgt.

Ganz besonders auffällig ist dieses Nachlassen der Leistungsfähigkeit in der Nachkommenschaft von Heterosispflanzen. Unter Heterosis oder Bastardwüchsigkeit verstehen wir bekanntlich die Erscheinung, daß Bastarde zwischen bestimmten Zuchtstämmen, Rassen oder Arten eine höhere Lebenskraft, eine schnellere Entwicklung und einen besseren Ertrag zeigen als die beiden Eltern. Man führt dieses „Luxurieren der Bastarde" heute im Wesentlichen auf die starke Heterozygotie oder Ungleicherbigkeit der Bastardpflanzen zurück. Einmal scheint die Heterozygotie selbst, das Zusammentreffen verschiedener Allele der gleichen Gene in einer Pflanze, bereits einen Heterosiseffekt hervorrufen zu können. In anderen Fällen beruht die Heterosis offenbar darauf, daß im Bastard von beiden Eltern her günstige Allele verschiedener Gene zusammentreffen, so daß dieser von weit mehr wichtigen Erbanlagen vorteilhafte Allele besitzt als jeder der Eltern. Wenn diese

Allele für höhere Leistungsfähigkeit dominant sind, dann muß der Bastard mit seiner größeren Zahl dominanter Allele den Eltern überlegen sein. Da er jedoch in einer Anzahl dieser Gene heterozygot ist, muß bei seinen Nachkommen ein Aufspalten hinsichtlich der Werteigenschaften erfolgen. Mit der damit verbundenen Abnahme der Heterozygotie sowie der Zahl der dominanten Allele muß auch die durch diese hervorgerufene Stoffproduktion von Generation zu Generation geringer werden. Heterosissorten müssen daher vom Züchter ständig neu hergestellt werden, sich selbst überlassen verlieren sie rasch ihren Wert.

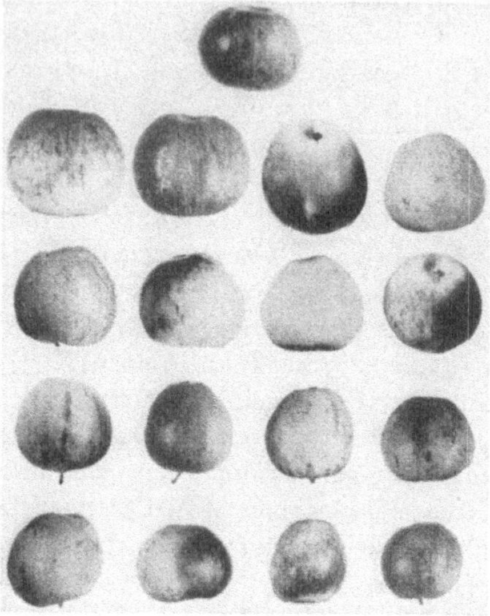

Stark heterozygote Vereinigungen besonders günstiger Allele sind auch unsere Obstsorten, unsere Kartoffelsorten und viele unserer Gartenblumen. Alle diese „Sorten" sind ja

Abb. 56. Frucht der Apfelsorte „Cox' Orangen Renette" (oben). Darunter Früchte von Sämlingen dieser Sorte. (Nach M. Schmidt)

eigentlich nur Einzelindividuen mit einer hervorragenden Leistungsfähigkeit, die auf eine besonders günstige Kombination der Erbanlagen zurückzuführen ist. Mit Hilfe von Zwiebeln, Ausläufern, Stecklingen oder Pfropfreisern werden diese einmaligen Genkombinationen auf vegetativem Wege erhalten und vermehrt. Zieht man nun von solchen „Klonen" eine Nachkommenschaft aus Samen, so entstehen daraus neue Pflanzen, die durch Umkombination der Erbanlagen von der Ausgangsform in Form und Leistung abweichen. Wie die Kinder eines genialen Vaters dessen übernormale Fähigkeiten nur selten erreichen, so wird die Nachkommenschaft einer edlen Apfel- oder Birnensorte im wirtschaftlichen Wert,

118

in der Fruchtgröße und im Geschmack nur selten der Muttersorte gleichkommen. Die starke Heterozygotie der Obstsorten bewirkt, daß unter den aus Samen gezogenen Nachkommen Genkombinationen, welche denen der Eltern entsprechen, praktisch nie wieder auftreten können. Man kann allerdings nicht sagen, daß die Abkömmlinge unserer Obst- oder Kartoffelsorten stets minderwertig oder gar „entartet" wären, man findet vielmehr unter ihnen immer wieder, manchmal sehr selten, zuweilen häufiger, günstige Neukombinationen, welche die Eltern im Geschmack und in der Fruchtgröße erreichen oder gar übertreffen (Abb. 56). Die Aufzucht von Obstbäumen aus den Samen alter Kultursorten ist daher immer schon ein wichtiger Weg zur Züchtung neuer Obstsorten gewesen.

Die Gefahr einer allmählichen Leistungsminderung würde bei unseren Kulturpflanzen allerdings auch dann bestehen, wenn wir Zuchtsorten vor uns hätten, die in den entscheidenden Erbanlagen völlig homozygot wären und daher in diesen wichtigen Merkmalen keine Spaltung zeigen könnten. Auch bei solchen Sorten müßten durch das ständige spontane Auftreten von Mutationen der verschiedensten Art Veränderungen der ursprünglichen erblichen Konstitution eintreten, die leicht zu einem allmählichen Abbau der Leistungen führen könnten. Dies gilt auch für alle Sorten von Kulturpflanzen, die vegetativ vermehrte Abkömmlinge einer einzigen Pflanze sind. An sich müßten alle Pflanzen einer solchen Sorte in ihrer erblichen Zusammensetzung völlig gleichartig sein. Dies ist jedoch nicht der Fall. Durch das ständige Auftreten von Mutationen im Körpergewebe der Pflanzen treten in dem ursprünglich gleichartigen Pflanzenmaterial erbliche Varianten auf, die nur äußerst selten den Wert des ursprünglichen Klons erreichen. Aus diesem Grunde sucht z. B. der Erdbeerzüchter innerhalb des Klons besonders ertragreiche Pflanzen aus und nimmt nur von ihnen die Ableger, die er für die weitere Vermehrung seiner Sorte braucht, weil er diese nur so auf ihrer ursprünglichen Leistungshöhe erhalten kann.

Die „Entartung" der Kulturpflanze ist also ein ganz natürlicher Vorgang, der teils auf der Heterozygotie, teils auf der Fähigkeit der Kulturpflanzen, zu mutieren, beruht. Dieser Verfall der Leistungen setzt ein, sobald die Auslese durch den Menschen nachläßt oder gar aufhört. Da durch Mutation und Bastardierung auch bei Kulturformen Wildpflanzenmerkmale auftreten können, ist es möglich, daß längere Zeit sich selbst überlassene Kulturpflanzen „verwildern", das heißt, sich im Laufe der Zeit wieder in Wildformen zurückverwandeln können.

4. Die Geschichte der Pflanzenzüchtung — die Geschichte eines vom Menschen gelenkten Evolutionsvorganges

Abstammung und Alter unserer wichtigsten Kulturpflanzen

Die Entstehung der Kulturpflanzen ist das Werk der Pflanzenzüchtung. Diese aber setzte mit dem Augenblick ein, in dem der Mensch mit dem planmäßigen Anbau von Wildpflanzen begann. Die Pflanzenzüchtung ist also ebenso alt wie der Ackerbau.

Nach unserer heutigen Erkenntnis hat dieser in den prähistorischen Kulturen Mittelasiens, Vorderasiens und Ägyptens seinen Anfang genommen. In Mittelasien wurde bereits im 5. Jahrtausend v. Chr. Ackerbau getrieben. In Vorderasien und Ägypten bestand spätestens um das Jahr 4000 v. Chr. eine gut entwickelte Landwirtschaft, die schon Gerste und Emmerweizen sowie verschiedene Hülsenfrüchtler wie Erbsen, Wicken und Erven als Kulturpflanzen kannte. Der Übergang vom Sammeln der Wildformen dieser Arten zu deren planmäßigem Anbau und die Umbildung der Wildarten in wirkliche Kulturpflanzen liegt zeitlich sicherlich noch vor den angeführten Daten. Der Emmerweizen, *Triticum dicoccum*, leitet sich mit großer Wahrscheinlichkeit von dem in Vorderasien heimischen Wildemmer, *T. dicoccoides*, ab. Die Kulturgersten stammen von 2 verschiedenen Wildgersten ab. *Hordeum agriocrithon*, eine vielzeilige Wildgerste, ist im ostasiatischen Genzentrum beheimatet, während *H. spontaneum*, eine zweizeilige Wildart, in Vorderasien zu Hause ist. Demgemäß sind in Ostasien auch überaus zahlreiche Kulturformen von vielzeiliger Gerste, *H. polystichon*, darunter auch viele nacktkörnige Sorten anzutreffen, während das vorderasiatische Genzentrum auch ein Mannigfaltigkeitszentrum für die zweizeilige Kulturgerste, *H. distichon*, ist.

Von den Zentren der frühesten landwirtschaftlichen Kultur in Vorderasien aus drangen der Ackerbau und mit ihm die ersten

Kulturpflanzen westwärts und nordwestwärts vor und wurden in offenbar sehr kurzer Zeit zum Besitz aller neolithischen Stämme in Europa. Im Laufe der Zeit gesellten sich zu diesen ersten Kulturpflanzen immer neue Arten. Etwa 1000 Jahre nach dem ersten Auftreten des Emmers begegnen wir in Europa dem Einkorn, *Triticum monococcum*, als Kulturpflanze der Bandkeramiker. Es dürfte auf dem Balkan aus dem hier heimischen Wildeinkorn, *T. boeoticum*, durch unmittelbare Inkulturnahme entstanden sein. In Vorderasien taucht das Kultureinkorn erst weitere 1000 Jahre später in den Ruinen von Troja auf. VAVILOV hält es für möglich, daß dieses kleinasiatische Einkorn auf dem Umwege über eine Unkrautform im Emmer zur Kulturpflanze geworden ist. Wenn diese Annahme zutrifft, hätten wir die merkwürdige Erscheinung zu verzeichnen, daß das Einkorn an zwei verschiedenen Stellen auf recht unterschiedliche Weise den Weg zur Kulturform genommen hat, so daß wir es einmal als primäre, zum anderen als sekundäre Kulturpflanze zu betrachten hätten.

Von den 42-chromosomigen Dinkelweizen findet sich der Binkel- oder Zwergweizen, *T. sphaerococcum*, bereits im Neolithikum, im Vollneolithikum kommt dazu noch der gewöhnliche Saatweizen, *T. aestivum*. Die ersten 42-chromosomigen Weizen, die aus dem kleinasiatischen Ursprungsgebiet nach Europa einwanderten, waren die dichtährigen Zwergweizen, die in diesen frühesten Kulturepochen überall die vorherrschende Weizenart der Dinkelreihe waren. Erst in der Bronze- und dann in der Eisenzeit gewannen die lockerährigen Saatweizen, die vielleicht bereits zusammen mit dem Zwergweizen nach Europa gekommen waren, dort zunehmend an Bedeutung. Der Spelz, *T. spelta*, scheint im Spätneolithikum in Mitteleuropa entstanden zu sein. Seine Abstammung ist heute noch nicht geklärt. Daß er hier unmittelbar aus der Kreuzung von Emmer mit *Aegilops squarrosa* hervorgegangen ist, muß als unwahrscheinlich angesehen werden, da *Aegilops* in Mitteleuropa nicht vorkommt. Wahrscheinlich ist er hier aus Saatweizen durch Genmutation oder aber nach Kreuzung mit Emmer entstanden. Der Kulturemmer ist die Ursprungsform des Hartweizens, *T. durum*, und der anderen 28-chromosomigen Weizenarten. Die ersten sicheren Funde des Hartweizens in Ägypten stammen bereits aus der griechisch-römischen Zeit. Der

Rauhweizen, *T. turgidum*, ist wohl noch wesentlich jüngeren Ursprungs, die ersten Anhaltspunkte finden wir in den Kräuterbüchern des 16. Jahrhunderts. Noch schlechter sind wir über die Entstehungszeit der anderen 28-chromosomigen Weizenarten unterrichtet.

Der Roggen, *Secale cereale*, tritt zuerst in bronzezeitlichen Funden bei Olmütz in Mähren auf. Er breitete sich dann im Gebiet nördlich der Alpen offenbar sehr rasch aus und wurde die wichtigste Brotfrucht der Slawen, Kelten und Germanen.

Unser Saathafer, *Avena fatua ssp. sativa*, stammt vom Flughafer, *Avena fatua ssp. fatua*, einer in Osteuropa und Westasien heimischen Wildart ab. Diese wurde im letzteren Gebiet zu einem Unkraut in Emmer und Gerste und gelangte mit diesen Kulturpflanzen nach Mitteleuropa. In der Nähe von Merseburg hat man in einem Fund aus der Hallstattzeit größere Mengen gesammelten Unkrauthafers entdeckt. Als sich mit der Verschlechterung des Klimas in der Bronzezeit die Bedingungen für den Emmeranbau in diesem Raum verschlechterten, trat der Hafer, der als Unkraut Kulturpflanzeneigenschaften erlangt hatte, an seine Stelle. Zur Römerzeit war der Hafer bei den Germanen bereits eine wichtige Kulturpflanze. Als Unkraut im Saathafer hat nach THELLUNG der Rauhhafer, *Avena strigosa ssp. strigosa*, seine gegenüber der wilden Stammform, *Avena strigosa ssp. barbata*, veränderten Eigenschaften erworben, er ist bereits seit der Bronzezeit als Kulturpflanze bekannt, ohne allerdings jemals größere Bedeutung erlangt zu haben.

Uralte Kulturpflanzen sind die Rispenhirse, *Panicum miliaceum*, und die Kolbenhirse, *Setaria italica*. Die Ausgangsform der Rispenhirse ist vielleicht die in Mittelasien wildwachsende Hirseart *Panicum spontaneum*. Die Kolbenhirse stammt von der Grünhirse, *Setaria viridis*, einer weltweit verbreiteten Unkrautart, ab. VAVILOV sieht Mittelasien als Ursprungszentrum beider Arten an. Sie sind bereits im Neolithikum als Kulturpflanzen angebaut worden und in dieser Zeit über das Gebiet nördlich des Schwarzen Meeres bis in die Westschweiz vorgedrungen. Von der Bronzezeit bis in das späte Mittelalter hinein sind sie auch in Mitteleuropa wirtschaftlich bedeutsame Kulturpflanzen gewesen. Erst mit der Verdrängung der Breinahrung durch das Brot verfielen sie hier der Bedeutungslosigkeit. In China gehörte die Rispenhirse bereits um 2700 v. Chr. zu den 5 wichtigsten Kulturpflanzen. Einige Hirsearten, die früher als Kulturpflanzen gedient haben, wie die Hühnerhirse, *Echinochloa crus galli*, und die Bluthirse, *Digitaria sanguinale*, sind heute zu Unkräutern herabgesunken. In der Landwirtschaft der Tropen und Subtropen haben 3 andere Hirsearten Bedeutung: das Kaffernkorn, *Andropogon sorghum*, zu dem auch die Zuckerhirse gehört, die Negerhirse, *Pennisetum spicatum*, die sich beide polyplyletisch aus der Bastardierung einer ganzen Reihe afrikanischer Wildarten herleiten, sowie die Fingerhirse, *Eleusine coracana*, die wahrscheinlich aus der in den Tropen weit verbreiteten Unkrautart *E. indica* hervorgegangen ist. Alle diese Arten sind vermutlich afrikanischen Ursprungs, heute aber als Kulturpflanzen über die warmen Länder der ganzen Welt verbreitet. Besonders das Kaffernkorn scheint schon früh über Indien nach Ostasien gekommen zu sein, wo es, in China als Kaoliang bezeichnet, unter den Kulturpflanzen eine wichtige Stellung erlangt hat. Der Tef, *Eragrostis abessinica*, als dessen wilde Stammart *E. pilosa* angesehen wird, ist als Kulturpflanze auf sein Entstehungsgebiet Abessinien beschränkt geblieben.

Nahe verwandt mit den Hirsen ist der Mais, *Zea Mays*. Über seine wilden Ausgangsformen wissen wir noch nichts. Das primäre Mannigfaltigkeitszentrum des Kulturmaises liegt in den Anden von Bolivien und Peru. Hier ist er bereits in prähistorischer Zeit die wichtigste Kulturpflanze gewesen. Die ursprünglichen Kulturmaise waren Spelzformen. Aus diesen haben sich dann die nacktkörnigen Sorten entwickelt, die heute fast ausschließlich angebaut werden. Aus Südamerika wurde der Mais nach Zentralamerika eingeführt. Hier traten spontane Bastardierungen zwischen diesem noch recht primitiven Kulturmais und nahe verwandten Wildarten, die zur Gattung *Tripsacum* gehören, ein. Diese Artkreuzung hat einmal zur Entstehung einer großen Fülle verschiedenartigster Formen geführt, und sie ist andererseits die Ursache einer sehr bedeutenden Verbesserung der Leistungsfähigkeit der Maispflanze geworden. Mit der Entdeckung Amerikas breitete sich der Mais, die einzige ursprüngliche Kulturgetreideart Amerikas, sehr rasch in Europa und in der ganzen übrigen Alten Welt aus.

Die letzte weltwirtschaftlich wichtige Getreidepflanze, der Reis, *Oryza sativa*, ist ebenfalls eine uralte Kulturpflanze. Sie gehört neben 2 Hirsearten, Weizen und Soja zu den 5 Kulturpflanzen, die nach einer Verordnung des Kaisers Chen-Nung aus dem Jahre 2700 alljährlich vom Kaiser selbst beim Frühlingsfest in einer feierlichen Zeremonie gepflanzt werden sollten. Alle diese Kulturpflanzen dürften also mehr als 4500 Jahre alt sein. Als Stammform des Reises gilt heute *Oryza fatua*, eine in Südostsaien weit verbreitete Wildart. Von China gelangte der Reis bereits sehr früh einmal nach Korea und Japan, zum anderen über Hinter- und Vorderindien nach den Sundainseln und den Philippinen. Während der ersten Hälfte des letzten Jahrtausends v. Chr. verbreitete sich seine Kultur über Indien nach Persien und von dort in das Bewässerungsgebiet der Euphrat. In Europa wurde der erste Reis im Jahre 1468 in Italien angebaut, nach Amerika gelangte er von Madagaskar aus im Jahre 1694.

Zu den wirtschaftlich wichtigen Kulturpflanzen aus der Familie der Gräser zählt endlich noch das Zuckerrohr, *Saccharum officinarum*. Es gehört nicht in die Gruppe der ältesten Kulturpflanzen. In Südostasien oder Ostindien ist es aus dort heimischen Wildgräsern, wahrscheinlich aus Kreuzungen zwischen *Saccharum spontaneum* und *S. robustum* hervorgegangen und war um 300 v. Chr. in Indien eine geschätzte Kulturpflanze. Um die Mitte des 7. Jahrhunderts n. Chr. erreichte es Ägypten, etwa 100 Jahre später Spanien. Von Spanien wurde es zu Beginn des 16. Jahrhunderts nach Amerika eingeführt und breitete sich dort im Verlaufe von 100 Jahren über ganz Mittel- und Südamerika aus.

Eine uralte Kulturpflanze — ebenso alt wie etwa die Gerste oder der Emmerweizen — ist der Lein, *Linum usitatissimum*. Er stammt höchstwahrscheinlich von dem im Mittelmeergebiet und in Vorderasien heimischen Wildlein, *Linum hispanicum*, ab (vgl. Abb. 13). Im vorderasiatischen Genzentrum hat offenbar die Entwicklung zur Kulturpflanze stattgefunden. Noch heute finden wir hier primitive, niederliegende Leine, die der Wildform noch recht nahe stehen. Bei der Wanderung des Kulturleins nach Nordwesten haben sich die langstengeligen, kleinsamigen Faserleine entwickelt, während im Mittelmeergebiet die großsamigen kurzstrohigen Öl-leine entstanden. In Indien werden heute noch sehr primitive kleinsamige und kurzstrohige Formen zur Ölgewinnung angebaut, während im abessinischen Genzentrum der Lein eine zwergwüchsige Nahrungspflanze geworden ist, deren kleine Samen zu Mehl vermahlen werden.

Zu den wertvollsten Gaben, welche die Menschheit der Neuen Welt verdankt, gehört die Kartoffel, *Solanum tuberosum*. Für knollenbildende *Solanum*-Arten, die der Kulturkartoffel nahestehen, sind in Südamerika 3 verschiedene Mannigfaltigkeitszentren bekannt, eines in Mexiko, das Wildarten in großer Formenfülle enthält, ein zweites in den Anden von Bolivien und Peru, wo verschiedene Arten von Kulturkartoffeln vorkommen, und endlich ein drittes auf der Insel Chiloë und im Küstengebirge des benachbarten Festlandes. Hier finden sich verschiedene Wildarten sowie Kulturkartoffeln, die unseren europäischen und den nordamerikanischen Zuchtsorten nahe stehen und wohl als deren Ursprungsformen betrachtet werden dürfen.

Von den Wildkartoffeln kennen wir sowohl nichtpolyploide Arten wie auch Arten sehr verschiedener Polyploidiestufe; sie besitzen Knollen, die jedoch meist klein und geringwertig sind. Bei einigen dieser Wildformen werden die Knollen trotzdem gesammelt, und diese Arten stellen den Übergang zu den Kulturkartoffeln dar, bei denen wir gleichfalls Arten mit 24, 36, 48 und 60 Chromosomen finden. Die meisten dieser Kulturkartoffeln sind primitive „Indianerkartoffeln" geblieben. Eine wirkliche wirtschaftliche Bedeutung hat nur die 48chromosomige, polyploide Art *Solanum tuberosum* erlangt. Über die Stammform der Kulturkartoffel gehen die Ansichten auseinander. Einmal wurde die 24-chromosomige Art *Solanum vernei* für die Ausgangsform von *S. tuberosum* gehalten, andererseits aber wurde aus zytologischen Befunden geschlossen, daß *S. stenotomum*, eine ebenfalls 24-chromosomige Art der nicht polyploiden Ausgangsart, der Kulturkartoffel verwandtschaftlich zum mindesten sehr nahe stehen muß.

Die Kulturkartoffel, *Solanum tuberosum*, hat 2 Unterarten: *tuberosum* und *andigenum*. Die letztere ist eine sehr formenreiche Kulturpflanze. Infolge der starken Abhängigkeit der Knollenbildung von der Tageslänge — sie bildet nur bei Kurztag befriedigende Knollen aus — hat sie außerhalb ihres Heimatgebietes keine größere wirtschaftliche Bedeutung erlangen können. Die Unterart *tuberosum* ist dagegen in ihrer Entwicklung und vor allem in der Knollenbildung unabhängig von der Tageslänge. Das hat dazu geführt, daß von den vielen knollentragenden *Solanum*-Arten, die schon in den ältesten Kulturen Südamerikas eine Rolle gespielt haben und die im Inkareich in den Höhenlagen von 2000—4000 m die wichtigsten Nahrungspflanzen waren, gerade *S. tuberosum ssp. tuberosum* die Ausgangsform der europäischen und nordamerikanischen Kartoffelsorten geworden ist. Aus verhältnismäßig wenigen Formen, die zu Ende des 16. Jahrhunderts sowie später noch einmal im 19. Jahrhundert nach Europa eingeführt wurden, ist die ganze Fülle der heute angebauten Kulturkartoffeln hervorgegangen. Erst in neuester Zeit beginnen andere Kultur- und Wildarten als Träger wichtiger Erbanlagen für Krankheitsresistenz, für Widerstandsfähigkeit gegenüber dem Kartoffelkäfer, für Trockenheits- und Frostfestigkeit eine Rolle in der Kartoffelzüchtung zu spielen.

Eine alte Kulturpflanze Südamerikas ist die vermutlich von *Lycopersicon pimpinellifolium* abstammende Tomate, *L. esculentum*. Obgleich sie bereits früh nach Europa gebracht wurde, hat sie sich als Nahrungspflanze erst im Laufe des letzten Jahrhunderts durchsetzen können. Dagegen haben sich die im gleichen Gebiet heimische Gartenbohne und der Tabak nach der Entdeckung Amerikas so rasch über die alte Welt verbreitet, daß ihre neuweltliche Herkunft zeitweise bezweifelt werden konnte.

Sehr jungen Ursprungs ist eine der wichtigsten Kulturpflanzen der gemäßigten Zonen, die Zuckerrübe, *Beta vulgaris ssp. esculenta var. altissima*. Ihre Stammpflanze ist die Wildrübe, *Beta vulgaris ssp. perennis var. maritima*, die an den Küsten der Nordsee und des Mittelmeeres vorkommt. Aus dieser Wildpflanze sind im östlichen Mittelmeergebiet im 4.—6. Jahrhundert v. Chr. die ersten Kulturformen hervorgegangen, mangoldartige Pflanzen, deren Blätter als Gemüse genutzt wurden. Allerdings waren den Griechen auch bereits weiß- und rotfleischige Salatrüben mit verdickten Wurzeln bekannt. Im 18. Jahrhundert entwickelten sich durch Vergrößerung des Rübenkörpers aus dem Mangold wie aus der Salatrübe die Runkel- oder Futterrüben. Auf Grund der Entdeckung des Vorkommens von Rohrzucker in der Rübenwurzel durch MARKGRAF im Jahre 1747 begann ACHARD zu Anfang des 19. Jahrhunderts, aus der weißen schlesischen Runkelrübe eine wirkliche

„Zuckerrübe" zu entwickeln. Im Laufe von etwa 100 Jahren gelang es der Züchtung, den Zuckergehalt in der Rübe von 6—7,5% auf etwa 20—24% hinaufzusetzen (Abb. 58). Hier hat die planmäßige Pflanzenzüchtung ihre erste Großtat vollbracht: die Schaffung einer ganz neuen wertvollen Kulturpflanze.

Betrachten wir jetzt noch kurz Abstammung und Alter einiger wichtiger Gemüsearten. Der Rettich, *Raphanus sativus* und ebenso das Radieschen stammen offenbar vom Hederich, *Raphanus raphanistrum*, ab, mit dem sie sich fruchtbar bastardieren. Der Rettich gehört in die Gruppe der ältesten Kulturpflanzen und ist offenbar schon recht früh in das Mittelmeergebiet gelangt. Nach HERODOT soll er neben Zwiebeln und Knoblauch beim Bau der Cheopspyramide den Arbeitern als Zukost gereicht worden sein. Während das Mannigfaltigkeitszentrum des Rettichs in Ostasien liegt, ist das Radieschen nach VAVILOV in Mittelasien zu Hause. In Europa ist es erst seit dem 16. Jahrhundert bekannt. Wie die Erbse gehört auch die Puffbohne, *Vicia faba*, zu den ersten Kulturpflanzen der Menschheit. Die kleinsamigen Formen, die sogenannten Ackerbohnen entstammen dem mittelasiatischen Genzentrum, während die großkörnigen Puffbohnen ihr Mannigfaltigkeitszentrum im Mittelmeergebiet haben. Der im Mittelmeergebiet heimische Porree, *Allium porrum*, ist bereits im Altertum kultiviert worden. Funde von Möhrensamen in neolithischen Ablagerungen lassen es als möglich erscheinen, daß diese Pflanze, *Daucus carota*, von der THELLUNG annimmt, daß sie spontan aus der Kreuzung unserer heimischen Wildmöhre mit der im Mittelmeer heimischen *D. maximus* hervorgegangen ist, schon früh als Kulturpflanze angebaut wurde. Sichere Nachrichten über Kulturformen der Möhre haben wir allerdings erst aus dem 1. Jahrhundert n. Chr. Eine bei uns heimische und seit 3000—4000 Jahren angebaute Pflanze ist die Pastinake, *Pastinaca sativa*, die früher eine sehr wichtige Nahrungspflanze war. Seit dem Mittelalter wurde sie jedoch von dem als Wildform an den Küsten ganz Europas, Westasiens und Nordafrikas verbreiteten Sellerie, *Apium graveolens*, der im Mittelmeergebiet zur Kulturpflanze wurde, immer mehr zurückgedrängt. Der Spinat entstammt dem mittelasiatischen Genzentrum, wo er wohl aus *Spinacia tetranda* (Abb. 16) hervorgegangen ist. Über die Araber gelangte er im Mittelalter nach Mitteleuropa. Der

Kopfsalat, *Lactuca sativa*, leitet sich vermutlich von dem auch bei uns verbreiteten Stachelsalat, *Lactuca serriola*, ab. Das Ursprungsgebiet der Kulturform scheint Vorderasien oder das östliche Mittelmeergebiet zu sein. Er gehörte schon im alten Ägypten zu den wichtigsten Gemüsearten und wurde bei den Griechen und Römern bereits in zahlreichen nicht kopfbildenden Spielformen kultiviert. Zur Zeit Karls des Großen gelangte er nach Deutschland. Der heute vorzugsweise angebaute Kopfsalat wird zum ersten Mal 1543 von Leonhard Fuchs erwähnt. Die im Himalaja wildwachsende *Cucumis sativus var. hardwickii* gilt als der Stammelter der kultivierten Gurkenform, *Cucumis sativus L.*, die in Indien eine sehr alte Kulturpflanze ist. Von hier gelangte die Gurke sehr früh nach Ägypten und durch die Römer auch nach Deutschland.

Werfen wir jetzt noch kurz einen Blick auf unsere wichtigsten Obstarten. Apfel- und Birnenreste hat man bereits in den Pfahlbauten des Neolithikums gefunden, vielleicht handelt es sich dabei bereits um primitive Kulturformen, die aus den einheimischen „Holzäpfeln", *Malus communis ssp. silvestris*, und Holzbirnen hervorgegangen sind. An der Entstehung der eigentlichen Speiseäpfel sind daneben noch ein anderer Wildapfel, *Malus communis ssp. pumila var. domestica*, sowie spontane Bastarde zwischen den beiden Formen, die von West- bzw. Osteuropa bis nach Mittelasien verbreitet sind, sowie der in Asien heimische Kirschapfel, *M. baccata*, beteiligt. Auch zur Entstehung der Speisebirne trugen verschiedene Unterarten von *Pirus communis* sowie mehrere andere *Pirus*-Arten bei. Die Römer kannten bereits verschiedene Sorten dieser Kernobstarten, die zu ihnen wahrscheinlich über Vorderasien und Griechenland gelangt sind. Auslese besonders wertvoller Sämlinge und in neuester Zeit auch die planmäßige Züchtung haben zur Entstehung der zahlreichen Sorten geführt, die wir heute kennen.

Die Süßkirsche, *Prunus avium*, stammt von Wildformen ab, die in Westasien und in Europa weit verbreitet sind. Die polyploide Sauerkirsche, *P. cerasus*, dagegen ist in Vorderasien heimisch. Beide Arten sind wohl erst in historischer Zeit in Kultur genommen worden. Aus der Kreuzung zwischen beiden Arten sind die Glaskirschen oder Amarellen hervorgegangen.

Die Entstehung der Zwetschge als einer Allopolyploiden zwischen Kirschpflaume und Schlehe haben wir bereits erwähnt. Das Ursprungsgebiet dürfte die Berührungszone der beiden Arten in Vorderasien sein, in der auch nichtpolyploide Artbastarde gefunden werden konnten. Die Zwetschge muß bereits früh kultiviert worden sein, man kennt Zwetschgen-„steine" aus neolithischen und bronzezeitlichen Funden. Die Römer kannten schon eine große Menge von Sorten. In Mitteleuropa hat der Anbau der Zwetschgen besonders vom 16. Jahrhundert an einen großen Aufschwung genommen.

Der Pfirsich, *Prunus persica*, ist in China, wo auch Wildformen vorkommen, bereits um das Jahr 2000 v. Chr. in zahlreichen Sorten kultiviert worden. Um die Zeitwende gelangte er westwärts bis nach Persien, und etwa 100 Jahre später wurde er von hier durch die Römer in das Mittelmeergebiet und auch nach Süddeutschland eingeführt.

Wilde Aprikosen, die kleine, schlechtschmeckende Früchte und bittere Kerne besitzen, finden sich von Kleinasien bis zur Mandschurei, das Genzentrum dieser Art liegt in Ostasien. Die Kulturformen sind gleichzeitig mit dem Pfirsich nach Westen gewandert und haben das Mittelmeergebiet auch etwa zur gleichen Zeit erreicht.

Eine sehr alte Kulturpflanze ist die Weinrebe, *Vitis vinifera*. Wilde Reben finden sich heute noch von Mittelasien bis nach Westeuropa. Wann und wo diese Wildformen zuerst in Kultur genommen wurden, läßt sich schwer sagen. Es ist durchaus möglich, daß die Entstehung der Kulturreben an verschiedenen Orten vor sich gegangen ist. Sicher ist jedenfalls, daß in Ägypten zur Zeit der ersten Dynastien der Weinbau und der Weingenuß schon bekannt waren und daß damals bereits mehrere Rebsorten unterschieden wurden.

Sehr junge Kulturpflanzen sind dagegen unsere Beerenobstarten. Himbeeren und Brombeeren sind zwar sehr alte Sammelfrüchte, doch wurden sie frühestens im Mittelalter wirklich angebaut. Ganz ähnlich liegen die Dinge bei den auch in Mitteleuropa heimischen Stachel- und Johannisbeeren. Noch im 16. Jahrhundert werden sie nur selten als Kulturpflanzen erwähnt, und von der Stachelbeere sind um die Mitte des 18. Jahrhunderts erst

5 Sorten bekannt. Die Kultur dieser Arten ist von Belgien und Nordfrankreich ausgegangen. Auch die Erdbeeren gehören zu den Arten, die erst in neuester Zeit zu Kulturformen entwickelt wurden. Die 14-chromosomige Walderdbeere, *Fragaria vesca*, wurde in Frankreich schon im 14. Jahrhundert in den Gärten gezogen, im 16. Jahrhundert kam dazu gelegentlich noch die ebenfalls 14-chromosomige Knackelbeere, *F. viridis*. Im 17. Jahrhundert bildeten sich auch von der 42-chromosomigen Moschuserdbeere, *F. moschata*, Zuchtsorten heraus, die erst in den letzten Jahrzehnten wieder verschwunden sind. Entscheidende Bedeutung für die Entwicklung der Erdbeere zu einer wirtschaftlich wichtigen Kulturpflanze hatte jedoch erst die Einführung der 56-chromosomigen rotfrüchtigen virginischen Erdbeere, *F. virginiana*, zu Beginn des 17. Jahrhunderts sowie der ebenfalls 56-chromosomigen großfrüchtigen Chiloëerdbeere, *F. chiloensis*, und die spontane Bastardierung dieser beiden Arten miteinander, die um die Mitte des 18. Jahrhunderts zu der Entstehung der ersten großfrüchtigen Ananaserdbeeren, *F. grandiflora*, in Holland führte.

Abgesehen von der Luzerne, *Medicago sativa*, die von Vorderasien bis in das Mittelmeergebiet hinein schon sehr früh von den Persern und seit 470 v. Chr. auch von den Griechen als wertvolles Futter für die Pferde angebaut wurde, sind die Grünfutterleguminosen erst in neuester Zeit in Kultur genommen worden. Die Esparsette, *Onobrychis sativa*, wird seit dem 15. Jahrhundert, Rotklee, *Trifolium pratense*, Hornklee, *Lotus corniculatus*, und die gelbe Luzerne, *Medicago falcata*, werden seit dem 17., der Schwedenklee, *Trifolium hybridum*, seit dem 18. Jahrhundert angebaut; im 19. Jahrhundert sind dazu noch der Inkarnatklee, *Trifolium incarnatum*, und die Seradella, *Onobrychis viciifolia*, hinzugekommen. Weißklee, *T. repens*, und Honigklee, *Melilotus albus*, und *M. officinalis*, sowie die wirtschaftlich wichtigen Grasarten sind erst in allerneuester Zeit in Kultur genommen und züchterisch bearbeitet worden.

Unsere Forstpflanzen endlich sind heute noch angebaute Wildpflanzen. Erst in den letzten Jahrzehnten hat man damit begonnen, auch Forstpflanzen zu züchten.

Der bescheidene Ausschnitt aus der Geschichte unserer Kulturpflanzen, den wir hier wiedergeben konnten, zeigt, daß die wichtigsten Nahrungspflanzen der Menschheit, die Getreidearten, zum größten Teil auch zu den ältesten Kulturpflanzen gehören, die ein Alter von mindestens 6000 Jahren haben. Zu diesen ersten Kulturpflanzen sind bis heute immer wieder neue Arten hinzugekommen, und so hat sich der Kreis der Kulturpflanzen im Laufe der Zeit immer mehr erweitert. Diese Zunahme der Zahl der Kulturpflanzen beruht einmal darauf, daß der Mensch immer neue Wildpflanzen in Kultur genommen hat, daneben hat sich aber auch die Zahl der Kulturpflanzen in den einzelnen Ländern und Kulturkreisen durch den Austausch verschiedener Kulturpflanzen zwischen den einzelnen Genzentren und zwischen ganzen Kontinenten sehr bedeutend vergrößert.

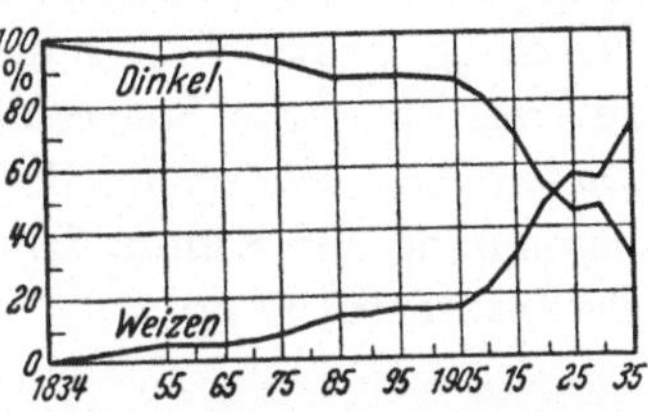

Abb. 57. Die wertvollere Kulturpflanze setzt sich an die Stelle weniger leistungsfähiger Formen: Verdrängung des Dinkelweizens durch den Saatweizen in Württemberg. (Nach K. u. F. Bertsch)

Es ist nun jedoch nicht so, daß die Zahl der Kulturpflanzen seit 6000 Jahren immer nur zugenommen hätte. In manchen Fällen sind Pflanzen, die einmal als Kulturpflanzen eine Rolle gespielt haben, von leistungsfähigeren Arten zurückgedrängt worden und schließlich ganz aus der Reihe unserer Kulturpflanzen verschwunden. Verschiedene solcher Fälle wurden bereits erwähnt. Arten, die früher in Mitteleuropa angebaut wurden, heute aber als Kulturpflanzen gar nicht mehr bekannt sind, sind die Zuckerwurzel, *Sium sisarum*, die Rapunzel, *Campanula rapunculus*, der Pferdeeppich, *Smyrnium olusaturum*, die Kulturform des Kümmels mit fleischiger eßbarer Wurzel, der Nachtschatten, *Solanum nigrum*, *S. humile*, *S. villosum*, die Rauke, *Eruca sativa*, und das Seifenkraut, *Saponaria officinalis*. Farbstoffe liefernde Pflanzen wie der Krapp, *Rubia tinctorum*, der Waid, *Isatis tinctoria*, der Wau, *Reseda luteola*, die Färberscharte, *Serratula tinctoria*, und der Saflor, *Carthamus tinctorius*, wurden zunächst durch billigere und gehaltvollere tropische Gewächse wie den Indigo, dann aber endgültig durch die synthetischen Farbstoffe aus der Reihe der Kulturpflanzen verdrängt.

So herrscht auch bei unseren Kulturpflanzen ein gewisser Konkurrenzkampf. Leistungsfähigere Zuchtsorten verdrängen die primitiven Formen (Abb. 57), und Arten, die eine geringe Entwicklungsfähigkeit zeigen, werden durch neue Kulturpflanzen ersetzt, welche eine größere genetische Streubreite besitzen und daher durch die Züchtung schneller zu hohen Erträgen und zu besserer Qualität gebracht werden können. Wie im Daseinskampf in der freien Natur so verdrängt auch bei den Kulturpflanzen das Bessere das Mindergute und setzt sich an dessen Stelle. Da bei den Kulturpflanzen der Wille des Menschen der entscheidende Auslesefaktor ist, führt hier die Auslese zu einer zunehmenden Verbesserung der Nutzbarkeit der Pflanzen durch den Menschen, also zu einer ständigen Steigerung der Kulturpflanzeneigenschaften. Diesen Auslesevorgang, der zur Entstehung und zu Vervollkommnung der Kulturpflanzenmerkmale führt, bezeichnen wir als Pflanzenzüchtung.

Die Entwicklungsstadien der Pflanzenzüchtung

Die Entstehung der Kulturpflanzen, mit der wir uns hier beschäftigen, ist nur der erste Schritt des großen Evolutionsprozesses, den wir als Pflanzenzüchtung bezeichnen. Es würde zu weit führen, wollten wir uns hier mit dieser selbst eingehender beschäftigen — dies wäre Gegenstand eines eigenen Werkes —, es scheint jedoch angebracht, zum Abschluß dieses Buches kurz die Entwicklung der Pflanzenzüchtung zu umreißen.

Das *„Zeitalter der Wildpflanzen"*, in dem sich der Mensch auf das Sammeln genießbarer Teile wildwachsender Pflanzen beschränkte, endete mit dem Augenblick, in dem er die erste Wildpflanze planmäßig anbaute.

Mit der Kultur der Pflanze durch den Menschen begann die Umformung der Wildform in die Kulturpflanze. Sie erfolgte teils bewußt durch Auslese und Vermehrung zufällig aufgetretener und ebenso zufällig aufgefundener Mutanten und Neukombinationen, teils unbewußt durch die auslesende Wirkung des Ackerbaues, wie wir dies bei der Entstehung der Kulturpflanzeneigenschaften bei Unkräutern gesehen haben. Recht früh hat man die Bedeutung der Großfrüchtigkeit und Großsamigkeit für eine erfolgreiche Auslese von leistungsfähigeren Pflanzen erkannt — schon die Römer empfahlen die Verwendung der größten Körner zur Aussaat, um besonders leistungsfähige Pflanzen zu erhalten. Davon abgesehen aber war die Bemühung um eine erbliche Verbesserung der Kulturpflanzen recht gering und daher auch wenig wirkungsvoll. Es ist verständlich, daß unter diesen Umständen der Prozeß der Entstehung und Verbesserung der Kulturpflanzen sehr lange Zeit in Anspruch nahm und nur zu verhältnismäßig geringen Verbesserungen der Leistungen führte. Das Ergebnis dieser Epoche der Pflanzenzüchtung ist *die Entstehung der „Landsorten"*, anspruchsloser Sorten mit verhältnismäßig niederen Erträgen, vielfach auch mit minderer Qualität, die jedoch an das Klima ihres Entstehungsgebietes hervorragend angepaßt waren.

Erst im Laufe des 19. Jahrhunderts trat die Entwicklung der Kulturpflanzen in ein neues Stadium. Die steigende Bevölkerungsdichte in Mittel- und Westeuropa forderte gebieterisch eine Erhöhung der Erträge unserer landwirtschaftlichen Kulturpflanzen. Damit wurde die Züchtung von Sorten, die ertragreicher waren als die alten Landsorten, wichtig, und weil für das Saatgut von solchen hochwertigen Sorten ein höherer Preis gezahlt werden konnte, auch wirtschaftlich tragbar. Es entstanden daher im Laufe des 19. Jahrhunderts in zunehmender Zahl private Zuchtbetriebe, die sich mit Erfolg bemühten, bei unseren wichtigsten Kulturpflanzen aus den primitiven Landsorten leistungsfähigere Zuchtsorten heranzuziehen.

Die Pflanzenzüchtung des 19. Jahrhunderts hat jedoch nicht nur eine wirtschaftliche, sondern auch eine wissenschaftliche Grundlage. Die Werke DARWINS zeigten die Bedeutung der Auslese nicht nur für die Artbildung in der Natur sondern auch für die Entstehung der Kulturpflanzen und der Haustiere. Diese Erkenntnisse der theoretischen Forschung führten rasch zu dem Bestreben, ihre Wirksamkeit in der landwirtschaftlichen Praxis zu erproben, und so steht denn die Züchtung dieser Zeit im Zeichen der Auslese. Erleichtert und gefördert wurde diese Auslesezüchtung durch die Erforschung des Mineralstoffwechsels der Pflanzen durch LIEBIG, die zur Entwicklung der Mineraldüngung und damit zu einer sehr beträchtlichen Verbesserung der Nährstoffversorgung unserer Ackerböden führte. Dies aber machte es wiederum möglich, aus den bunten Gemischen verschiedenartigster erblicher Formen, die unsere alten Landsorten darstellten, die leistungs-

fähigsten Formen auszulesen und aus ihnen Zuchtsorten zu
gewinnen, welche fähig waren, eine gute Versorgung mit anorganischen Nährstoffen mit einer erhöhten Produktion an organischer
Substanz, das heißt also mit erhöhten Ernten zu beantworten.
Ohne eine genauere Kenntnis von den Gesetzmäßigkeiten der
Vererbung fand die Pflanzenzüchtung dieser Epoche doch Methoden
heraus, welche es ermöglichten, durch die Prüfung der Nachkommen besonders wertvoll erscheinender Einzelpflanzen zu entscheiden, ob die Leistung dieser Elitepflanzen erblich bedingt oder nur die Folge zufälliger, besonders günstiger Umweltverhältnisse war. Die so erhaltenen Ergebnisse wurden durch weitere Untersuchungen in den sogenannten „Zuchtgärten" gesichert, so daß schließlich nur ganz hochwertige Sorten aus der Hand des Züchters in den Handel kamen. Die Forderung

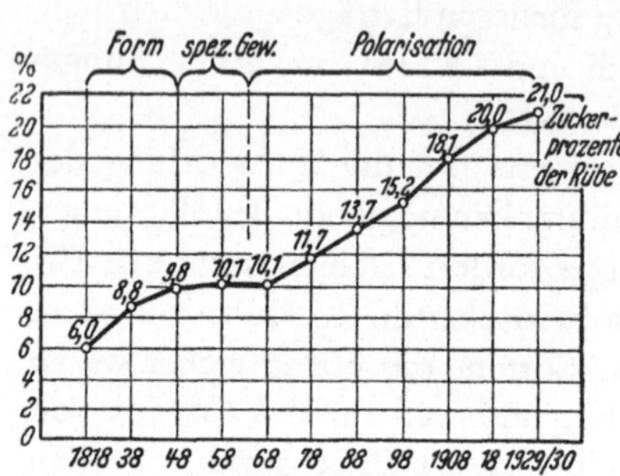

Abb. 58. Erhöhung des Zuckergehaltes
in der Zuckerrübe durch die Auslesezüchtung. (Nach G. Becker)

der Zeit nach einer Erhöhung der Erträge und das privatwirtschaftliche Interesse der Züchter bewirkten, daß dieses *Zeitalter der Auslesezüchtung"* vornehmlich zur Steigerung der Erträge führte, wobei diese nicht selten auf Kosten der Qualität ging.

Die wirtschaftlichen Leistungen, welche diese Epoche der Pflanzenzüchtung vollbrachte, sind bei den von der Züchtung intensiv bearbeiteten Pflanzen außerordentlich groß. Die glänzendste Leistung der Auslesezüchtung ist wohl die Schaffung einer ganz neuen Kulturpflanze, der Zuckerrübe, durch die planmäßige Erhöhung des Zuckergehaltes in der Rübenwurzel (Abb. 58). Weitere große Erfolge wurden in der Kartoffel- und in der Getreidezüchtung erzielt, und wenn heute der Petkuser Roggen fast 50% der gesamten Roggenfläche der Welt einnimmt, so ist dies das Werk planvoller Auslesezüchtung.

In diesem Zeitalter, in dem die Züchtung von der Auslese beherrscht wurde, war es gelegentlich noch möglich, durch die Auslese eines einzelnen wertvollen Individuums eine hochwertige

Zuchtsorte zu schaffen, ja unter Umständen sogar der Züchtung einen neuen ungeahnten Antrieb zu geben. Das klassische Beispiel hierfür bietet die Entstehung des berühmten Squarehead-Weizens. In den 6oer Jahren des 19. Jahrhunderts fand der englische Landwirt TAYLOR in einem Feld, das mit Victoria-Weizen bestellt war, eine Einzelpflanze, die ihm durch ihren kurzen gedrungenen Wuchs, ihr kräftiges Stroh und ihre kurzen dicken Ähren auffiel. Er erntete sie, baute die Körner getrennt an und konnte feststellen, daß die Nachkommenschaft vollständig der Mutterpflanze glich. Diese Nachkommenschaft wurde noch einige Jahre der Auslese, züchtung unterworfen, und bereits im Jahre 1871 war aus der Findlingspflanze eine Sorte hervorgegangen, die alle anderen Sorten im Ertrag weit hinter sich ließ.

Wir kennen aus dieser Zeit noch mehr derartige „Findlingssorten". So fiel dem ostdeutschen Züchter Dr. BENSING eines Tages in einem Haferfelde eine besonders schöne Rispe auf. Er nahm sie an sich, säte sie aus und konnte aus den Körnern dieser einen offenbar weitgehend homozygoten Pflanze nur durch weitere Vermehrung des Saatgutes eine neue Hafersorte, „BENSINGS Findlingshafer" ziehen.

So einfach war die Arbeit des Züchters allerdings auch in dieser Periode der Pflanzenzüchtung nur in den seltensten Fällen. Es bedurfte bei den meisten Pflanzen, bei der Zuckerrübe ebenso wie beim Roggen und den anderen Kulturpflanzen jahrzehntelanger mühsamer und sorgfältiger Selektionsarbeit, bis neue, leistungsfähige Zuchtsorten geschaffen waren.

Zu der Auslese kam schon früh die Kreuzung zwischen verschiedenen Sorten und Herkünften. Die Verwendung der Kreuzung in der Pflanzenzüchtung gründete sich ebenfalls auf DARWIN, der in der Bastardierung ein sehr wesentliches Mittel zur Herstellung einer großen Formenfülle erblickt hatte. Demgemäß wurden Kreuzungen zunächst nur vorgenommen, um das Material für die Auslese zu vergrößern. Bald ging man jedoch auch dazu über, mit Hilfe der Kreuzung Eigenschaften verschiedener Sorten miteinander zu kombinieren. Man nahm damals sogar bereits Kreuzungen zwischen verschiedenen Arten und Gattungen vor, der bekannte Weizen-Roggen-Bastard von RIMPAU ist das Produkt einer in dieser Zeit durchgeführten Gattungskreuzung. Ohne Kenntnis der Vererbungsregeln, nur auf Grund sorgfältiger Beobachtung und scharfer Auslese war es möglich, mit Hilfe der Kreuzung bei unseren Getreidearten zu ganz bedeutenden Ertragssteigerungen zu kommen. Eine hervorragende Leistung der Kreuzungszüchtung dieser Zeit war die Züchtung unserer Dickkopfweizen, die aus der Kreuzung zwischen unseren ertragsarmen, lang- und locker-ährigen Landweizen und den ertragreichen englischen Squarehead-Weizen hervorgingen. Die kurzen festen Halme, das Erbteil des Squarehead-Weizens, verliehen den neuen Zuchtsorten eine größere Standfestigkeit. Diese bewährte sich besonders bei stär-kerer Düngung, bei der die alten langstrohigen Sorten zum Lagern neigten. Es waren somit durch die Kreuzung Weizensorten ge-schaffen worden, die in der Lage waren, auch größere Düngergaben ohne Nachteil zu ertragen, und erst auf solchen Typen gründeten sich die neuen „Intensivsorten", die starke Düngung auch mit hoher Leistung zu beantworten vermögen. Nicht nur in der Ge-treide- sondern auch in der Kartoffelzüchtung spielte bereits im 19. Jahrhundert die Kreuzung eine gewisse Rolle.

Die „Wiederentdeckung" der MENDELschen Vererbungsregeln um die Jahrhundertwende und ihre planmäßige Anwendung in der Pflanzenzüchtung, an der ERICH VON TSCHERMACK, einem der 3 Entdecker dieser Gesetzmäßigkeiten ein besonderes Verdienst zukommt, leitete einen neuen Abschnitt der Pflanzenzüchtung ein, den wir wohl als das *„Zeitalter der durch die Genetik bestimmten Pflanzenzüchtung"* bezeichnen dürfen. Diese Epoche ist vor allem dadurch gekennzeichnet, daß die erlangten Erkenntnisse von den Gesetzmäßigkeiten der Vererbung in der Züchtung ihre prak-tische Anwendung finden. Damit war ihr die wissenschaftliche Fundierung gegeben, ihre Arbeit hing nicht wie bisher vorwiegend vom Zufall und von der glücklichen Hand des Züchters ab, sondern dieser konnte jetzt auf Grund der bekannten Vererbungs-regeln seine Arbeit wirklich planen und die Aussichten auf be-stimmte erwünschte Züchtungserfolge mit einer gewissen Sicher-heit vorhersagen. Auf den Erkenntnissen der mendelistischen Genetik baute sich zunächst einmal die Kombinationszüchtung auf, die auf Grund des Wissens um das MENDELsche Gesetz von der freien Kombinierbarkeit der Gene planmäßig daran ging, günstige Eigenschaften, die in verschiedenen Sorten vorhanden waren, durch Kreuzung in einer Sorte zu vereinigen. Der erste große Erfolg auf diesem Züchtungsgebiet war dem bekannten schwedischen Forscher Nielsson-Ehle beschieden. Ihm gelang es, mit Hilfe der Kombinationszüchtung die Winterfestigkeit des schwedischen Landweizens mit der hohen Ertragsfähigkeit des englischen Squarehead-Weizens zu vereinigen und so die Erträge der schwedischen Winterweizensorten um etwa 20—25% zu erhöhen (Abb. 59).

Diese erfolgreichen Arbeiten Nielsson-Ehles leiteten eine große Zahl ähnlicher Züchtungsexperimente ein. Durch die Züchtung frühreifer Sommergetreidesorten war es möglich, den Sommerweizenanbau in Europa und Amerika weiter nach Norden zu verschieben; es gelang ferner, Krankheitsresistenz, Widerstandsfähigkeit gegen Dürre und Kälte sowie Standfestigkeit in wertvolle Zuchtsorten einzukreuzen.

Auf der zunächst rein theoretischen Erkenntnis vom „Luxurieren der Bastarde" baute sich schließlich die Heterosiszüchtung auf, die beim Mais bereits zu so großen wirtschaftlichen Erfolgen geführt hat, daß in den USA heute praktisch nur noch Heterosissorten angebaut werden.

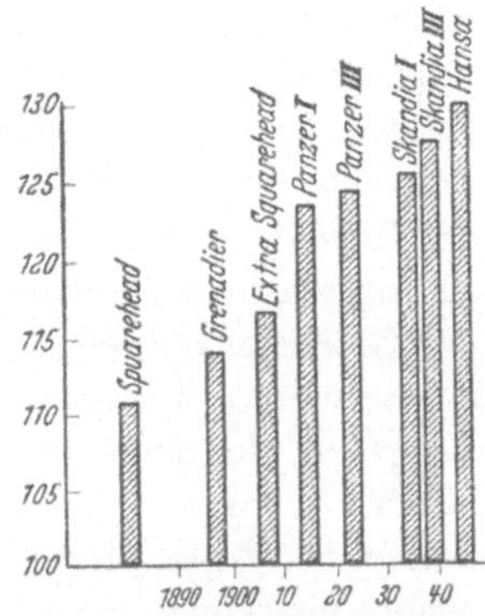

Abb. 59. Steigerung der durchschnittlichen Erträge des Winterweizens in Schweden durch die Züchtung. (Nach H. Brücher)

Wir haben oben die Bedeutung der verschiedenen Arten von Mutationen für die Entstehung von Kulturpflanzeneigenschaften kennen gelernt. Sie haben die gleiche Bedeutung für die Verbesserung dieser wichtigen Merkmale. Durch die Erforschung der Wirksamkeit von Röntgenstrahlen, radioaktiven Substanzen und von chemischen Stoffen für die Auslösung von Mutationen ist uns heute die Möglichkeit gegeben, diese Erkenntnisse in der Pflanzenzüchtung praktisch auszuwerten. Die Pflanzenzüchtung tritt damit in eine neue Phase, die von der „*Mutationszüchtung*" beherrscht werden wird. Mit den verschiedenen Verfahren der experimentellen Mutationsauslösung sind ganz neue Wege zur Schaffung einer großen Formenfülle gegeben, die für die Weiterentwicklung unserer Kulturpflanzen größte Bedeutung erlangen können. Wir stehen heute noch in den ersten Anfängen dieser neuen Epoche der Pflanzenzüchtung. Die Erfolge, welche die Mutationszüchtung in dieser kurzen Zeit bereits erzielt hat, lassen jedoch erwarten, daß wir mit ihrer Hilfe die Leistungen unserer Kulturpflanzen noch sehr beträchtlich werden steigern können.

Ziele und Leistungen der Pflanzenzüchtung

Die Aufgaben, die der modernen Pflanzenzüchtung gestellt werden, sind mannigfacher Art. Während man im 19. Jahrhundert ganz einseitig daran ging, die Erträge der wichtigsten Kulturpflanzen zu erhöhen, ist im Laufe der letzten Jahrzehnte auch die Forderung nach einer Verbesserung der Qualität der pflanzlichen Produkte immer mehr in den Vordergrund getreten. Erhöhung des Eiweißgehaltes und Verbesserung der Backfähigkeit wurden zu vordringlichen Aufgaben der Getreidezüchtung. Verbesserung des Geschmacks und der Zartheit, des Vitamingehaltes und der Konservierungsfähigkeit sowie der Lagerfähigkeit sind einige der Aufgaben, die der Obst- und Gemüsezüchtung gestellt werden. Hierher gehören auch die Beseitigung unangenehm schmeckender oder schädlicher Stoffe sowie die Beseitigung anderer Wildpflanzenmerkmale, etwa bei Kirschen oder Tomaten die Neigung der Früchte, bei Regenwetter zu platzen. Auch die Schaffung von Sorten, die gegen Pflanzenkrankheiten und Schädlinge resistent sind, führt zu einer bedeutenden Hebung der Qualität der Ernteprodukte.

Die Durchführung und der Erfolg der Qualitätszüchtung hängen entscheidend ab von der Entwicklung von mechanischen, physikalischen, chemischen und mykologischen Untersuchungsmethoden, die es möglich machen, sehr große Mengen von Einzelpflanzen in kürzester Zeit zu untersuchen. Hierbei dürfte vielfach, besonders bei der Züchtung auf einen besseren Geschmack oder auf eine höhere biologische Wertigkeit des Eiweißes dem Verfahren der Papierchromatographie eine entscheidende Rolle zufallen.

So wichtig die Qualitätszüchtung auch sein mag, so bleibt doch angesichts der zunehmenden Übervölkerung der Erde die Steigerung der Erträge das wichtigste Problem der Pflanzenzüchtung. Es erhebt sich hier für uns die Frage, ob die Kulturpflanzen noch wesentliche Leistungsreserven besitzen, ob sie also durch die Züchtung noch zu einer wesentlichen Erhöhung ihrer Stoffproduktion gezwungen werden können.

Vergegenwärtigen wir uns hier zunächst einmal kurz, wie groß die Verbesserung der Leistungsfähigkeit der Pflanze ist, die durch die Züchtung bisher zustande gebracht worden ist. Über die Unterschiede, die im Ertrag von Wildformen und den aus ihnen entwickelten Landsorten bestehen, können wir keine Aussagen machen, doch dürften sie recht beträchtlich sein. Die Ertragssteigerungen, die durch die Auslesezüchtung erzielt worden sind, werden auf 50—100% der Leistungen der ursprünglichen Landsorten geschätzt. Die Kreuzungszüchtung hat, obgleich sie bei der Mehrzahl der Zuchtbetriebe erst in der Zeit nach dem ersten Weltkrieg als Zuchtmethode angewendet wurde, heute bereits zu einer Verbesserung der Erträge um 12—25% geführt. Der Anbau der Heterosissorten von Mais, die gegenüber einfachen Sorten einen Mehrertrag von 20—37% aufweisen, erbringt den USA heute einen jährlichen Mehrertrag von 15—20 Millionen t; die Übertragung dieser Züchtungsmethode auf eine andere wirtschaftlich wichtige Kulturpflanze, die Zuckerrübe, ließ bei dieser die Ernte um 9—11% ansteigen. Auf die ersten Erfolge der Mutationszüchtung wurde bereits hingewiesen. Diese neuen Verfahren der Pflanzenzüchtung stehen zum großen Teil noch im ersten Stadium ihrer Anwendung, entscheidende Erfolge werden wir von ihrem Einsatz erst in Zukunft zu erwarten haben. Dazu kommt, daß viele von der Züchtung vernachlässigte Kulturpflanzen heute noch mit einfachen Zuchtmethoden große Verbesserungen erfahren können. Mehrere deutsche Leinsorten, die in der Zeit zwischen den beiden Weltkriegen in den Handel gekommen sind, verdanken ihre Entstehung einer einfachen Auslese aus Landsorten. Beim Hanf, der bis vor kurzem sich noch im Wesentlichen im Stadium einer angebauten Wildpflanze befand, konnte durch Entwicklung eines geeigneten Ausleseverfahrens der Fasergehalt um etwa 100%, bei einigen Linien sogar um 200% gesteigert werden. Viele andere Kulturpflanzen bieten noch ähnlich günstige Aussichten für die Züchtung, vor allem alle die Pflanzen, die von der privaten Züchtung vernachlässigt worden sind, weil ihre züchterische Bearbeitung verhältnismäßig unwirtschaftlich ist, wie etwa die Gräser und

Futterpflanzen, viele Obstarten und die Forstpflanzen. Selbst bei einer so beliebten Kulturpflanze, wie es unsere Ananaserdbeere ist, konnte R. v. SENGBUSCH durch Kreuzung und Auslese neue Zuchtsorten erhalten, welche bekannte ältere Sorten um 100 bis 200% im Ertrag übertrafen, und es scheint, daß damit die Grenze der Leistungssteigerung noch nicht erreicht ist. Der durch Pflanzenkrankheiten und Schädlinge bei Getreide und Kartoffeln eintretende Ernteverlust beträgt auf der ganzen Erde, wenn man diese Ausfälle mit nur 20% der möglichen Ernte beziffert, jährlich 118 Millionen t Getreide und 40 Millionen t Kartoffeln, das ist eine Menge, von der fast 500 Millionen Menschen sich ernähren könnten. Rechnet man dazu noch die Ausfälle bei den übrigen Kulturpflanzen, so ergibt sich aus diesen Zahlen, daß allein die Resistenzzüchtung schon sehr wesentlich zur Stillung des Hungers der Welt beitragen kann.

Endlich ist es auch heute noch möglich, aus Wildformen ertragreiche Kulturpflanzen zu schaffen. Beispiele hierfür bieten uns der Kautschuklöwenzahn, *Taraxacum kok-saghyz*, der erst seit etwa 2 Jahrzehnten in Rußland und in Kanada angebaut und von der Züchtung veredelt wird, sowie die Entstehung von Kulturformen der Heidelbeere in Nordamerika.

Sogar zahlreiche Arten von Mikroorganismen, von Bakterien, Pilzen und Algen werden heute planmäßig im Großen kultiviert, durch die Züchtung verbessert und so allmählich zu neuen Kulturpflanzen entwickelt. Bei den in der Gärungsindustrie verwendeten Heferassen ist dies bekanntlich schon seit längerer Zeit der Fall, Zu diesen Hefepilzen sind heute aber zahlreiche andere Mikroorganismen hinzugekommen, mit deren Hilfe der Mensch Nahrungs- und Futtermittel sowie wichtige organische Substanzen zu gewinnen vermag. So wird heute mit Hilfe des bekannten Schimmelpilzes, *Aspergillus niger* Zitronensäure gewonnen, und zwar benutzt man für die Kultur besonders leistungsfähige Stämme dieser Pilzart, die zum Teil durch Mutationsauslösung erhalten worden sind. Eine Mutante der nahe verwandten Art *Aspergillus terreus* wird für die Produktion der technisch sehr wichtigen Itakonsäure genutzt, die zur Stabilisierung von fetten Ölen sowie als Ausgangsmaterial für die Produktion von Plexiglas, unzerbrechlichem Glas, von künstlichen Juwelen, von festen und biegsamen plastischen Massen, von Reinigungsmitteln und anderen wirtschaftlich wichtigen Erzeugnissen verwendet werden können. Zu der Gruppe der Kulturpflanzen dürfen wir seit kurzer Zeit auch einen Pilz zählen, der als gefährlicher Parasit des Roggens früher vielfach zu schweren Vergiftungen geführt hat, *Claviceps purpurea*, den Erzeuger der als „Mutterkorn" beim Roggen bekannten Bildungen. Durch die züchterische Bearbeitung dieses Pilzes wurde der Gehalt an den in der Frauenheilkunde verwendeten Alkaloiden im Mutterkorn von 0,02% auf 0,5% heraufgesetzt. Vor allem aber konnte durch die Züchtung leistungsfähiger Bakterien- und Pilzstämme die Antibiotikumproduktion bei einer Reihe dieser Mikroorganismen so gesteigert werden, daß der Preis der aus ihnen hergestellten Arzneimittel ganz wesentlich gesenkt werden konnte, so daß es heute möglich ist, Antibiotika nicht nur zur Bekämpfung von Erkrankungen bei Mensch und Tier sondern auch zur Verhütung und Beseitigung von Pflanzenkrankheiten und als wachstumsförderndes Viehfutter zu verwenden. Eine Reihe von Pilzarten dient heute bereits der Gewinnung von „Mycel-eiweiß" aus den Sulfitablagerungen der Zelluloseindustrie, andere Pilze und Bakterien werden für die Erzeugung verschiedener Vitamine genutzt. Besonders aber wird in neuester Zeit immer wieder darauf hingewiesen, daß einzellige Grünalgen sehr viel mehr an organischer Substanz zu produzieren vermögen als die leistungsfähigsten höheren Pflanzen. Während unsere ertragreichste Kulturpflanze, die Zuckerrübe, pro qm und Jahr organische Substanz in der Höhe von etwa 3500 Kal erzeugt, ergab nach Feststellungen der Kohlenstoffbiologischen Forschungsstation in Essen die Massenkultur von Algen in der gleichen Zeit eine Ausbeute von 30000 Kal, und HARDER und VON WITSCH schätzen die unter optimalen Bedingungen mögliche Produktion sogar auf 144000 Kal je qm und Jahr. Die Algenkultur wird daher heute mitunter als ein Verfahren angesehen, das es in Zukunft einmal ermöglichen wird, die hungernde Menschheit mit zusätzlicher Nahrung zu versorgen. Auch hier wird, sobald die Massenkultur von Algen einmal über das Versuchsstadium hinausgekommen ist, die Züchtung einsetzen und für die Kultur besonders geeignete Algenstämme schaffen müssen.

An diesen wenigen Beispielen können wir ersehen, daß der Pflanzenzüchtung heute noch Aufgaben der mannigfachsten Art gestellt sind, daß sie andererseits aber auch noch Möglichkeiten zu einer beträchtlichen Verbesserung der Kulturpflanzen in sich birgt und daß sie daher zu ihrem Teil auch in Zukunft mit dazu beitragen kann, den Nahrungsspielraum der Menschheit jedenfalls noch eine Zeitlang der wachsenden Bevölkerung anzupassen. Wie gut oder schlecht sie diese ihre Aufgabe erfüllen kann, wird entscheidend mit von der Entwicklung der Grundlagenforschung abhängen, denn die Fortschritte in der theoretischen Erkenntnis bestimmen letztlich die Erfolge der angewandten Wissenschaft. Die Arbeitsmöglichkeiten und Mittel, die der theoretischen Biologie heute und morgen zur Verfügung stehen, vermögen also darüber zu entscheiden, ob unsere Enkel und Urenkel noch satt werden können oder ob in verhältnismäßig kurzer Zeit auch bei uns der Hunger zum Dauerzustand werden wird.

Sachverzeichnis

Die *kursiv* gesetzten Seitenzahlen weisen auf Abbildungen hin

147

10*

148